BIBLIOTHÈQUE

BIOLOGIQUE INTERNATIONALE

PUBLIÉE SOUS LA DIRECTION

De M. J.-L. DE LANESSAN

Professeur agrégé d'histoire naturelle à la Faculté de médecine
de Paris

VIII

Volumes déjà parus de la même Bibliothèque :

I. **Les microphytes du sang et leurs relations avec les maladies,** par Timothée-Richard LEWIS. 1 vol. in-18, avec 39 figures dans le texte. . . . . 1 fr. 50

II. **La lutte pour l'existence et l'association pour la lutte,** par J.-L. DE LANESSAN, député de Paris, professeur agrégé, etc., etc. 1 vol. in-18. . . . . 1 fr. 50

III. **De l'embryologie et de la classification des animaux,** par E. RAY LANKESTER, professeur de zoologie et d'anatomie comparée à l'University College de Londres. 1 vol. in-18, avec 37 figures dans le texte. . . . . 1 fr. 50

IV. **L'examen de la vision au point de vue de la médecine générale,** par Aug. CHARPENTIER, professeur à la Faculté de médecine de Nancy. 1 vol. in-18, avec 15 figures dans le texte. . . . . 2 fr.

V. **La métallothérapie, ses origines, son histoire et les procédés thérapeutiques qui en dérivent.** par le Dr H. PETIT, sous-bibliothécaire à la Faculté de médecine de Paris, 2e édition. 1 vol. in-18. . . . . 2 fr.

VI. **Le protoplasma considéré comme base de la vie des animaux et des végétaux,** par HANSTEIN, traduit de l'allemand. 1 vol. in-18. . . . . 2 fr.

VII. **Les ferments digestifs, la préparation et l'emploi des aliments artificiellement dirigés,** par William ROBERTS, traduit de l'anglais. 1 vol. in-18 . . . . 2 fr.

VIII. **La chimie de la panification,** par le professeur GRAHAM, traduit de l'anglais. 1 vol. in-18. . . . . 2 fr.

IX. **De la formation des espèces par la ségrégation,** par Moritz WAGNER, traduit de l'allemand. 1 vol. in-18. . . 1 50

X. **La Mère et l'Enfant dans les races humaines,** par le Dr A. Corre, médecin de 1re classe de la Marine, professeur agrégé à l'École de Médecine navale de Brest. 1 vol. in-18 de 280 pages avec figures dans le texte. 3 50

Coulommiers. — Imprimerie Paul BRODARD.

LA CHIMIE

DE LA PANIFICATION

PAR

Le professeur C. GRAHAM

—

TRADUIT DE L'ANGLAIS

—

PARIS

OCTAVE DOIN, ÉDITEUR,

8, PLACE DE L'ODÉON, 8

—

1882

LA CHIMIE DE LA PANIFICATION [1]

J'ai eu l'honneur, il y a six ans, de traiter devant un auditoire réuni dans cette même salle un sujet étroitement lié à celui qui va nous occuper ce soir ainsi que les lundis suivants jusqu'à Noël. Je veux parler du cours que j'ai fait ici sur « la chimie de la drèche ». Le conseil de la « Society of Arts » m'ayant fait l'honneur de m'en demander un autre, présentant quelque application de la science à l'industrie, j'ai choisi cette fois pour sujet la chimie de la panification, à cause de l'importance vitale de l'alimentation dans l'existence humaine. De tous les produits naturels, les céréales sont les plus précieux pour l'homme, à cause de leur richesse en éléments plastiques et caloriques ; aussi l'étude des meilleurs procédés pour les adapter à notre usage est certainement digne de toute notre attention. Quoique la culture des céréales

1. *Contor lectures (Journal of the Society of Arts).*
GRAHAM.

soit en dehors de notre sujet, limité strictement aux phénomènes de la panification, je chercherai néanmoins à indiquer, en passant, l'influence exercée par le climat et plus encore par la température sur les périodes de la maturité et de la récolte, les conditions dans lesquelles se trouve le blé emmagasiné, et je m'efforcerai de prouver comment des conditions climatériques défavorables affectent non seulement la quantité, mais aussi la qualité des grains.

L'utilité d'une étude scientifique de la panification sera peut-être révoquée en doute par quelques personnes; elles pourraient se baser sur le degré déjà considérable de perfection atteint par l'homme dans la préparation de son pain. Ceci est incontestable; néanmoins il reste encore beaucoup à faire avant que tous les procédés inférieurs de la préparation aient fait place à un pain d'une qualité parfaite, et c'est à la science surtout que nous devons nous adresser pour atteindre plus rapidement ce résultat. Il est vrai qu'à Londres nous pouvons avoir un pain d'une qualité supérieure; mais personne n'ignore que celui qu'on emploie dans nos campagnes est des plus inférieurs et que la qualité moyenne de notre pain de froment n'atteint pas celle du même pain en France et en Allemagne. Sans doute ceci tient en partie aux conditions plus favorables du climat de ces contrées.

Mais, si l'on prend en considération l'immense importation que nous faisons des meilleures qualités de froment des contrées les plus favorisées du vieux et du nouveau continent, il devient évident que l'infériorité de la moyenne de notre pain ne dépend point principalement des conditions plus défavorables de la saison de la récolte, mais bien du manque d'habileté et de savoir de la plupart de nos meuniers et de nos boulangers.

Une connaissance plus intime des phénomènes chimiques de la panification intéresse aussi bien le consommateur que le boulanger. Sous ce rapport, nous sommes tous tenus à connaître les phénomènes de la fermentation ; aussi je me propose, dans le cours de ces conférences, d'attirer votre attention sur la digestion du pain, qui n'est autre chose qu'un processus de fermentation, ainsi que sur les conditions nécessaires à son accomplissement.

Le côté historique de notre sujet se perd dans la nuit des temps. Selon toute probabilité, dès que l'homme eut appris à labourer la terre et obtenu grâce à son travail une riche moisson de céréales, il essaya de broyer le grain, de le mélanger avec de l'eau et du sel et de l'exposer à l'action du feu. C'est ainsi qu'il obtint le pain sans levain, et cette manière primitive d'adapter les céréales de la terre à l'usage de l'homme ne cesse d'être pratiquée même aujourd'hui. Le gâteau d'avoine des Ecossais, leurs bannocks de pois et d'orge, le pain pascal des Juifs, le damper des bergers australiens, le pain de blé américain, sont des échantillons actuellement existants de ce mode de panification. Dans certaines parties de l'Espagne, la fleur de farine de froment, simplement mélangée d'eau, est soumise à la cuisson, sans qu'on y ajoute même du sel. Dans ce pays, non seulement les procédés les plus primitifs de la préparation du pain sont encore en vigueur, mais on s'y prend d'une manière toute biblique pour séparer le grain de la paille, en le faisant fouler sur l'aire par les bœufs, en sorte que, si le pain manque de sel, il est par contre riche en gravier.

Le stade suivant, le plus important de tous dans l'histoire de la panification, c'est-à-dire l'emploi du levain qui rend la pâte plus légère, remonte aussi à une antiquité reculée. Selon toute probabilité, ce sont les Chinois qui les premiers ont fait du pain avec le levain. Tout au moins sommes-nous certains que les Egyptiens à l'époque de Moïse connaissaient déjà ce procédé et qu'ils l'ont transmis plus tard aux Grecs; de ceux-ci, le procédé passa aux Romains, qui le répandirent dans tous les lieux où pénétrèrent leurs légions de conquérants et de colons. Mais, tout en constituant un grand progrès sur le pain non fermenté, le levain agit lentement et donne naissance à un si grand nombre de produits fortement colorés qu'on s'est vu obligé de le remplacer dans une large mesure par la levûre de bière. L'introduction dans la panification de ce facteur important dut avoir lieu bientôt après que la fabrication de la bière eut obtenu quelque succès; c'est l'évolution des gaz dans le processus de fermentation qui a probablement suggéré l'idée d'employer la levure, dont l'effet est aussi de développer les gaz dans la transformation des matières saccharines en bière. Je n'ai pas réussi néanmoins à trouver une indication précise de l'emploi de la levure de bière à la place du levain. Celui-ci n'est pas encore abandonné et actuellement nous avons trois espèces de pain : le pain sans levain, le pain avec du levain et le pain à la levure de bière. C'est principalement ce dernier qui fera le sujet de notre cours, et nous indiquerons incidemment les ferments spontanés surgissant dans le cours du processus du levain.

Avant d'aborder l'étude des phénomènes de la panification, il sera utile d'examiner les corps constituant les diverses céréales en les comparant non seulement les unes aux autres, mais encore avec les aliments nutritifs les plus importants qui servent à l'usage de l'homme. On trouvera dans le tableau suivant l'analyse des parties constituantes de ces céréales, c'est-à-dire du froment, de l'orge, de l'avoine, de seigle, du maïs et du riz.

En examinant quelques-uns de ces chiffres et en étudiant le tableau suivant, dressé par MM. Lawes

Composition moyenne du grain des céréales.

	VIEUX FROMENT	ORGE	AVOINE	SEIGLE	MAÏS	RIZ
Eau	11,1	12,0	14,2	14,3	11,5	10,8
Amidon	62,3	52.7	56,1	54,9	54,8	78,8
Graisse.........	1,2	2,6	4,6	2,0	4,7	0,1
Cellulose	8,3	11,5	1,0	6,4	14,9	0,2
Gomme et sucre.	3,8	4,2	5,7	11,3	2,9	1,6
Albuminoïdes ...	10,9	13.2	16,0	8.8	8,9	7,2
Cendres	1,6	2,8	2,2	1,8	1,6	0,9
Perte, etc.......	0,8	1,0	0,2	0,5	0,7	0,4
	100,0	100,0	100,0	100,0	100,0	100,0

et Gilbert, qui renferme les aliments employés de préférence par l'homme, on trouvera que le rapport du carbone à l'azote sera dans la fleur de farine de 38 à 1,7, dans la viande de 30 à 2, dans

Composition moyenne de quelques aliments nutritifs (Lawes et Gilbert).

ALIMENTS	SUBSTANCE SÈCHE	CARBONE	AZOTE	AZOTE pour 100 de carbone
Pour 100.	Pour 100.	Pour 100.	Pour 100.	Pour 100.
Viande (fraîche)............	45,0	30,0	2,0	6,6
Jambon maigre............	85,0	61,0	1,4	2,3
Beurre................	85,0	68,0	0,0	»
Lait................	10,0	5,4	0,5	9,3
Fromage	60,0	36,0	4,5	12,5
Fleur de farine de froment.	85,0	38,0	1,72	4,5
Pain................	64,0	28,5	1,29	4,5
Maïs................	87,0	40,0	1,75	4,4
Gruau d'avoine............	85,0	40,0	2,0	5,0
Riz................	87,0	39,0	1,0	2,56
Pommes de terre.........	25,0	11,0	0,35	3,3
Légumes succulents.......	15,0	6,0	0,2	3,3
Pois................	85,0	39,0	3,65	9,4
Sucre...............	95,0	40,0	0,0	»

les pommes de terre de 11 à 0,3. Par conséquent, nous constatons que ces céréales, le froment en particulier, renferment une quantité considérable de substances albuminoïdes plastiques. J'aurai à revenir sur le sujet de l'alimentation dans une autre partie de mon cours.

On peut ranger les principes constitutifs des céréales en trois grandes classes. Dans la première entreraient les corps qui par leur combustion dans l'économie produisent la chaleur. On les désigne sous le nom de corps hydrocarbonés : tels sont l'amidon, les gommes, les sucres. L'oxydation de ces corps hydrocarbonés, en y ajoutant la graisse contenue dans nos aliments, est la source principale de la force déployée par l'homme. La catégorie suivante embrasserait les albuminoïdes ou éléments plastiques des céréales. Enfin viendraient les cendres, qui malgré leur petit volume sont d'une importance capitale par le rôle qu'elles jouent dans les phénomènes physiologiques dont les cellules de la vie animale sont le siège, et aussi parce que le système osseux de l'homme est constitué par les principes minéraux des cendres. Or les principes des cendres du froment ont été de la part d'un grand nombre de chimistes l'objet de longues et patientes investigations. Les classifications les plus complètes et les plus consciencieuses sont en somme celles qui ont été données par MM. Lawes et Gilbert, et par MM. Wav et Ogston.

D'après l'analyse des premiers de ces chimistes, 100 parties de cendres de froment contiendraient

Composition de la cendre du grain de froment.

	LAWES et GILBERT	WAV et OGSTON
Acide phosphorique	49,68	45,01
Phosphate de fer	2,36	0,82
Potasse	29,35	31,44
Soude	4,12	2,71
Magnésie	10,70	12.36
Chaux	3,40	3,52
Acide sulfurique	»	0,34
Acide carbonique	»	0,02
Chlore	0,13	0,13
Silice	2,47	3,67
	99,21	100,03

49 et, d'après Wav et Ogston, 45 d'acide phospho-rique, c'est-à-dire que près de la moitié consiste-

rait en acide phosphorique. Le phosphate de fer y entrerait aussi en petite proportion; mais le principe le plus important après l'acide phosphorique est la potasse. Son rapport serait de 30 pour cent. Lawes et Gilbert donnent comme moyenne de neuf analyses 29,35 pour 100 de potasse; tandis que la moyenne de 26 analyses de différents échantillons de froment faites par Wav et Ogston fournit 31,44 pour cent; ainsi l'acide phosphorique constituerait environ la moitié et la potasse le tiers des cendres. Le principe venant en troisième ligne est la magnésie, dont le rapport, selon Lawes et Gilbert, serait de 10,7 et, selon Wav et Ogston, de 12,3. La chaux, la soude et une petite quantité de silice forment le reste des 100 parties. L'acide phosphorique, une petite quantité de fer, la potasse et la magnésie sont donc les principes caractéristiques des cendres du froment.

Je vais procéder maintenant à un examen plus complet des principales propriétés physiques et chimiques des principes organiques des céréales, en commençant par l'amidon. Voici un tableau indiquant en langage chimique la composition de ce que nous désignons sous le nom de corps hydrocarbonés.

Formules des corps hydrocarbonés.

Amidon et dextrine.................. $(C_{12}H_{20}O_{10})n$.
Sucre de canne et maltose.......... $(C_{12}H_{22}O_{11})n$.
Dextrose, lévulose.................. $(C_{12}H_{24}O_{12})n$.

Nous nous servons de ce terme pour indiquer que l'hydrogène et l'oxygène se trouvent dans les corps hydrocarbonés précisément dans les mêmes proportions que dans l'eau. Ces deux principes, l'hydrogène et l'oxygène, ne se trouvent point dans l'amidon ou dans le sucre sous la forme d'eau, mais ils s'y trouvent dans la même proportion que dans l'eau; c'est pourquoi le terme hydrocarboné a été appliqué à tous ces corps. Dans la formule de l'amidon et de la dextrine, telle qu'elle est donnée par le tableau ci-dessus $(C_{12} H_{20} O_{10})$ n, il ne faut point perdre de vue le petit n ajouté à la fin. La formule la plus simple, résumant nos connaissances sur le rapport centésimal du carbone, de l'hydrogène et de l'oxygène, serait $C_6 H_{10} O_5$; mais comme nous allons le voir par la suite, elle serait insuffisante pour exprimer la quantité des réactions que présente l'amidon. La formule de l'amidon doit par conséquent s'exprimer ainsi $(C_6 H_{10} O_5)$ n. J'ai pensé que la formule $(C_{12} H_{20} O_{10})$ n, dans laquelle la valeur de n est probablement trop élevée, exprimerait mieux, pour ceux qui ne sont point versés dans la chimie, la corrélation des divers corps hydrocarbonés de ce tableau.

La subdivision suivante de cette classe importante des corps embrasse le sucre de canne et la maltose; on pourrait à la rigueur y ajouter le sucre du lait.

Ces corps sont isomères, c'est-à-dire que leur composition moléculaire contient exactement la même proportion de carbone, d'hydrogène et d'oxygène; mais ils diffèrent du sous-groupe précédent en ce qu'ils ont un pour cent d'oxygène et deux d'hydrogène de plus que n'en présente la formule ci-dessus. La dernière subdivision de ce groupe contient les glucoses, dont la formule la plus simple, exprimant leur composition moléculaire, est $C_{12} H_{24} O_{12}$. Ici encore, nous constatons une augmentation de deux pour cent d'hydrogène et d'un d'oxygène, relativement au groupe du sucre de canne, lequel diffère de la même manière de celui de l'amidon.

C'est sur le premier des corps inscrits sur notre liste des hydrocarbonés que je vais attirer à présent votre attention. L'amidon se trouve emmagasiné dans différentes parties des végétaux et constitue, comme la graisse dans l'organisme animal et presque dans le même but, des dépôts destinés aux besoins futurs de l'économie.

On le trouve dans la moelle des végétaux. Voici comment on obtient le sagou employé dans le commerce : on coupe la plante du sagou, on en râpe la moelle d'où l'on extrait l'amidon. Quelquefois aussi, ce dernier est accumulé dans les bulbes, les tubercules (comme dans la pomme de terre), les rhizomes et les [racines; on le trouve aussi dans les graines ou dans ce que les botanistes appellent l'albumen de la graine, quoique ce ne soit point de l'albumen au point de vue chimique; mais on l'appelle ainsi parce qu'il est commode de désigner sous ce nom l'amidon emmagasiné dans la graine ordinaire. Si vous examinez la caryopse du froment, le petit embryon qui s'y trouve au fond vous apparaîtra entouré d'une masse considérable de matière amylacée. Celle-ci contient non seulement de l'amidon, mais aussi des corps albuminoïdes; c'est ce qu'on désigne en botanique sous le nom d'albumen de la graine, parce que, de même que le blanc de l'œuf de poule qui entoure l'embryon et que l'on appelle albumen, il sert à la croissance future de l'embryon. On trouve encore l'amidon en grande quantité dans les cotylédons charnus de quelques graines, par exemple dans celles de la fève commune, du marron d'Inde ou des pois, dont la masse entière est constituée par les deux feuillets charnus et épais formant les deux moitiés de toute la graine, au fond de laquelle se trouve l'embryon de la plante. Nous voyons par conséquent que toutes les parties de végétaux destinées à leur croissance future, ou, comme c'est le cas pour la graine, à la reproduction de la plante nouvelle, contiennent des dépôts d'amidon.

L'amidon a été connu des Grecs; ils l'appelaient

amulon, de α privatif et μύλη, indiquant que ce n'est point le produit du moulin. Ce n'est pas en broyant le grain, mais en pilant le froment et en le passant à l'eau qu'ils obtenaient cette fine fleur de farine ; c'est pourquoi ils l'appelaient farine faite sans moulin. Le mot grec a été l'origine du mot scientifique amylacé, employé à désigner les corps qui contiennent de l'amidon. Voici la manière dont on s'y prend pour extraire l'amidon du froment ou de la pomme de terre. — Autrefois on l'obtenait au moyen de la fermentation ; le grain grossièrement broyé ou pilé était plongé dans l'eau, où il restait pendant quelques jours jusqu'à production du phénomène de la fermentation, dont le produit était comme à l'ordinaire du gaz acide carbonique et son dérivé oxydé, l'acide acétique. Il s'y formait aussi, par la décomposition du sucre, de l'acide lactique. Mais c'était là un procédé coûteux. Après que la substance glutineuse du froment avait été suffisamment désagrégée, la masse entière, délayée dans de l'eau, était placée dans un sac, à travers les trous menus duquel l'amidon fin passait, pour être ensuite soumis à des lavages répétés, afin de le débarrasser de tout résidu de matière albumineuse ou des principes glutineux qu'il pouvait contenir encore. Finalement on le séchait. Outre l'inconvénient de produire un résidu putréfié, ce procédé était coûteux. De nos jours, la plus grande partie de l'amidon s'obtient par des moyens mécaniques perfectionnés pour râper la pomme de terre et broyer le froment et les autres grains, tels que le blé d'Inde et le riz. Ensuite au lieu de laisser un libre cours au processus de fermentation pour obtenir la désagrégation ainsi que l'élimination des matières albumineuses, on se sert pour les dissoudre de soude caustique. La soude et la potasse caustiques jouissent de la propriété de dissoudre les matières albumineuses avec une grande facilité. Tout le monde connaît l'impression savonneuse que laissent les alcalis quand on les frotte sur les doigts, et il est facile au moyen d'une solution d'alcali caustique de séparer dans un échantillon de laine mélangée de coton, la partie laineuse pure de celle du coton; c'est de la même manière que le fabricant moderne élimine la petite quantité de matières albumineuses que peut encore contenir l'amidon après avoir été broyé et lavé. Tout en dissolvant les matières albumineuses, l'alcali n'exerce point d'action sur l'amidon lui-même.

L'amidon ainsi obtenu est composé de cellules infiniment petites, et, selon leur origine, ces cellules diffèrent par leur grandeur aussi bien que par leur forme. Les cellules de l'amidon de la pomme de terre ont près de $\frac{1}{150}$ de pouce de dia-

mètre, celles du sagou près de $\frac{1}{300}$ et celles de
l'amidon de froment près de $\frac{1}{500}$ de diamètre, et
il y en a encore de plus petites. La cellule de
l'amidon de la pomme de terre est une des plus
grandes; je crois même que c'est la plus grande si
l'on en excepte pourtant celle du maranta et de
l'arrow-root de tous les mois. Tous les amidons
ont sous le microscope leur aspect caractéristique
et c'est en nous basant sur la divergence des
formes et la différence du volume que nous pouvons constater leur falsification; ainsi quand l'amidon de la pomme de terre est mélangé avec l'arrow-root, ou quand un amidon commun se trouve
mélangé au sagou, nous pouvons facilement, à
l'aide du microscope, constater le mélange et en
déterminer les doses.

L'amidon est insoluble dans l'eau froide. M. Lewis, qui veut bien nous prêter son concours en
qualité de démonstrateur, est en train pour le
moment de procéder à une expérience généralement connue, mais que je tiens à répéter et dont
le but est de démontrer que l'amidon ne se dissout pas dans l'eau froide. Pour le moment, il a
exposé l'amidon à la chaleur afin de provoquer la
rupture des cellules, après quoi nous verrons la
substance amylacée nommée granulose sortir de

l'enveloppe rompue et former ainsi une solution ou émulsion d'amidon.

Si à cette solution d'amidon bouilli nous ajoutons un peu d'iode, nous obtenons un précipité bleu, combinaison d'iode et d'amidon , connue sous le nom d'iodure d'amidon. Avec du brôme, au lieu d'une réaction bleue, c'est une réaction jaunâtre que l'on obtient; mais, à cause de son infériorité et de son peu de valeur chimique, il n'est que rarement employé. Quant à la réaction de l'iode, elle est sensible à un haut degré, et, grâce à elle, nous pouvons constater dans diverses infusions la présence de la plus légère quantité d'amidon. Si nous prenons de l'amidon soluble et y ajoutons un peu du liquide nommé, du nom de son inventeur, solution de Fehling, composé de sulfate de cuivre auquel on a adjoint du sel de Seignette, ou double tartrate de potasse et de soude, et qu'on a soigneusement alcalisé par un excès de soude, certaines substances organiques, mêlées à une solution de ce genre, ne manifesteront aucune action. quand même elles seraient soumises à la chaleur; d'autres au contraire en manifestent. Pour le moment, l'amidon soluble ne présente aucune réaction appréciable par vous. Mais je m'en vais vous démontrer tout à l'heure, quand nous analyserons l'un des sucres produits par l'amidon soluble, qu'il y a action sur l'oxyde

de cuivre qui, dans cette solution, se trouve associé
à l'acide sulfurique comme sulfate de protoxyde
de cuivre. L'oxyde de cuivre se trouve avoir perdu
la moitié de son oxygène, qui s'est porté vers le
sucre et l'a oxydé ; par suite il s'est formé un sous-
oxyde rouge de cuivre que vous allez voir tout à
l'heure.

Si l'on examine l'amidon soluble à la lumière
polarisée, on voit se produire un phénomène
remarquable. La lumière polarisée est une lumière
projetée de façon que son rayon, au lieu de vibrer
suivant des plans perpendiculaires à l'axe de la
direction du rayon, est contraint de vibrer seulement dans certaines directions voulues. Ce phénomène se produit soit quand le rayon incident
tombe sur une surface de verre inclinée suivant un
angle de 35° 25″, soit au moyen de la tourmaline
ou prisme de Nicol, soit par quelque autre procédé. Les vibrations de la lumière ne ressemblent
point à celles d'un nœud sur une corde. Si j'atta-
chais à l'autre bout de la chambre une corde por-
tant un nœud et la faisais vibrer, le nœud ne
vibrerait que dans un seul plan, tandis que les
vibrations de la lumière se produisent dans chaque
direction, perpendiculaires à l'axe du rayon, en
sorte qu'une section de celui-ci présenterait l'aspect des rayons d'une roue. Elles diffèrent donc
des vibrations d'un nœud sur une corde ou de

celles d'une vessie, ou encore des oscillations
imprimées à un bateau par la vague qui vient se
briser sur le rivage. Les surfaces polies inclinées,
les cristaux de quartz, le prisme de Nicol en mar-
cassite calcaire (calc spar) jouissent tous, à un
degré plus ou moins élevé, de la propriété de
grouper ces vibrations en deux moitiés distinctes,
dont l'une vibrera dans un plan donné, tandis
que l'autre vibrera dans un autre plan perpendiculaire au premier. Si un rayon de lumière vient
frapper la surface polie d'une lame de verre, suivant un angle de 35° 25″, la moitié de ce rayon
passera à travers le verre, tandis que l'autre moitié sera réfléchie, et toutes les deux seront polari-
sées. Elles seront désormais contraintes de vibrer
non plus dans un nombre indéfini de plans, tous
perpendiculaires à l'axe de la direction du rayon,
mais seulement suivant deux plans distincts. Les
deux groupes de vibrations se produisent alors
dans des plans perpendiculaires l'un à l'autre,
aussi bien qu'à la direction du rayon lumineux.
Comme un exemple des plus simples, prenons la
roue d'une voiture avec son essieu. Admettons que
l'essieu représente la direction du rayon lumineux
et que les rayons nombreux de la roue figurent les
plans divers des vibrations d'un rayon lumineux
ordinaire. L'inclinaison de ces plans par rapport
les uns aux autres est différente ; mais tous se trou-

vent disposés perpendiculairement à l'essieu, c'est-
à-dire à la direction du rayon lumineux, de même
que le plan de vibration du nœud sur la corde est
perpendiculaire à la direction du trajet oscilla-
toire. Figurons-nous à présent que les nombreux
rayons de la roue sont remplacés par un système +
de deux barres perpendiculaires l'une à l'autre,
aussi bien qu'à l'essieu. C'est exactement ainsi que
les plans nombreux de vibration, parcourus par la
lumière ordinaire, se transforment en vibrations
sur deux plans, placés à angles droits et forcément
aussi à angles droits avec la direction du rayon
lumineux. Or, si j'ai préalablement polarisé la
lumière, si, par certains moyens, j'ai éliminé une
moitié de la lumière vibrant sur un des plans et ne
me sers que de l'autre fraction, dont le plan de
vibration est à angle droit avec le premier, et si je
la fais passer dans un tube, il se trouvera que certains liquides, l'eau par exemple, n'exerceront sur
cette lumière aucune action. Mais si j'introduis
dans le tube certains autres liquides, je suis obligé,
pour retrouver la lumière que j'avais auparavant,
d'imprimer à l'instrument un mouvement rotatoire,
soit à droite, soit à gauche. Les substances qui
exercent cette action sur le plan de polarisation et
en provoquent la déviation, de manière que je
sois obligé d'imprimer à mon instrument un mouvement de rotation à droite pour en percevoir le

rayon, sont appelées corps dextrogyres. Les substances qui dévient le plan de polarisation à gauche sont appelées lævogyres. Le degré de rotation imprimé par une solution d'amidon n'est pas moindre de 216°. Aussi suis-je obligé d'incliner le tube de deux tiers, afin d'obtenir la teinte que j'apercevais avant d'avoir introduit dans le tube la solution d'amidon.

Un autre fait intéressant sur lequel je désire attirer votre attention, c'est l'action exercée sur l'amidon par les albuminoïdes solubles. Voici un tableau analytique qui représente la principale classe des corps albuminoïdes, tels que le blanc de l'œuf et d'autres analogues.

Il y a sans aucun doute une grande quantité de corps se rapprochant plus ou moins du blanc de l'œuf par leur composition générale, les uns solubles dans l'eau, les autres insolubles. Comme il est très difficile d'évaluer exactement le poids moléculaire de substances complexes incristallisables, telles que les albuminoïdes, nous n'avons pu parvenir jusqu'à présent à déterminer rigoureusement la formule de ces corps. Selon Lieberkühn, la composition centésimale de l'albumen du blanc d'œuf serait : carbone, 53,1 ; hydrogène, 7,1 ; azote, 15,7 ; oxygène, 22.1 ; soufre 1,8, il en déduit la formule $C_{72} H_{112} N_{18} SO_{22}$. Ce n'est là qu'une formule hypothétique, et selon toute probabilité, la constitution moléculaire de beaucoup d'albuminoïdes supérieurs est bien plus complexe que ne l'exprime la formule de Lieberkühn. Or, en analysant la composition centésimale de l'amidon : 44,44; hydrogène 6,17; oxygène, 49,39 = 100, nous voyons que les albuminoïdes contiennent 60 pour 100 de carbone et d'hydrogène, tandis que les corps hydrocarbonés du type de l'amidon en contiennent 50 pour 100. La différence caractéristique consisterait dans la substitution de l'azote à une partie de l'oxygène.

Si nous prenons une substance contenant un albuminoïde et que nous nous servions dans nos manipulations de l'infusion du malt ordinaire, cette infusion, comme nous pourrons le voir, n'exercera qu'une action très restreinte sur les cellules non rompues de l'amidon cru. Cette infusion renferme quelques sucres, et malheureusement il n'est pas facile d'obtenir des albuminoïdes d'une infusion végétale, sans provoquer en même temps la production de matières saccharisées; mais, dans tous les cas, on peut voir la différence notable entre le phénomène qui se produit lorsqu'on ajoute l'infusion du malt à l'amidon cru et celui qui a lieu quand on l'ajoute à l'amidon dont les cellules ont été préalablement rompues, laissant échapper la substance granuleuse qu'elles contiennent. Voici un peu d'amidon auquel on a ajouté une infusion de malt. Vous le voyez, il était bleu avant qu'on y eût versé du liquide de Fehling, et le voilà encore bleu après ébullition ; en d'autres termes, rien n'a provoqué la réduction ou l'élimination de l'oxygène de l'oxyde de cuivre. C'est toujours du protoxyde ordinaire. Dans l'autre tube, avant d'y avoir introduit la solution de malt, on avait soumis à l'ébullition la solution d'amidon, c'est-à-dire que les cellules de l'amidon avaient été rompues par la coction ; aussi l'oxyde de cuivre subit-il une action qui doit être perceptible à l'autre bout de la salle. C'est une réaction en vertu de laquelle certains sucres décomposent l'oxyde de cuivre, en lui dérobant la moitié de son oxygène. Cette réaction ne se produit que près du point d'ébullition, ce qui nous oblige de chauffer toujours les solutions de ce genre. Vous pouvez remarquer maintenant que la mixture jaune prend rapidement la teinte rouge.

Si j'ai tenu à faire devant vous cette expérience, c'est parce que j'aurai à traiter plus tard d'un processus intéressant, qui, bien avant que les hommes de science leur en aient fait comprendre l'importance, a suggéré aux boulangers l'idée d'employer ce que l'on appelle en termes de métier « fruit ». Il s'agit simplement de la pomme de terre. On la fait bouillir jusqu'à destruction complète de l'enveloppe des cellules, qui laissent échapper leur contenu ; ensuite cette préparation, mélangée d'une petite quantité de farine, est ajoutée à la levure de bière, afin de composer le « ferment ». Je vous expliquerai plus tard le but de ces manipulations ; c'est une application aussi habile qu'ingénieuse de la science empirique à la fabrication du pain, à l'aide de laquelle on évite autant que possible la déperdition et l'altération des substances albuminoïdes et de l'amidon de la farine, tout en provoquant un dégagement de l'acide carbonique suffisant pour produire un pain léger et poreux.

Tout à l'heure, M. Lewis va prendre cette solution d'amidon, et, après y avoir ajouté une petite quantité d'acide sulfurique dilué, — l'acide chlorhydrique produirait le même effet, — il la fera bouillir pendant quelque temps ; vous verrez alors l'amidon transformé en sucre. Comme je l'ai déjà dit, la liqueur de Fehling n'est point sensible à la solution simple d'amidon ; mais, si pendant quelque temps on fait bouillir cette solution avec de l'acide sulfurique dilué ou de l'acide chlorhydrique, nous voyons l'amidon se transformer en corps saccharisés. J'aurai l'occasion de revenir plus tard sur les divers corps saccharisés : la maltose, la dextrine, etc., qui se forment dans ces cas. Il me sera facile de prouver que le même phénomène a lieu si l'on fait de nouveau usage du réactif si estimé de Fehling.

Si l'on chauffe l'amidon à la température de près de 300° F., surtout s'il contient un peu d'humidité, il se transforme en une substance désignée sous le nom de dextrine. Nous l'appelons dextrine, parce qu'elle diffère de la gomme arabique ordinaire par l'action qu'elle exerce sur le plan de polarisation de la lumière. Ce nom lui vient de ce qu'elle dévie le plan de vibration de la lumière polarisée de 209° à droite. En voici un échantillon. Pour extraire la dextrine de l'amidon, on s'y prend de diverses manières. La plus usitée consiste à mêler deux parties d'acide nitrique avec 300 parties d'eau et à mélanger ensuite cet acide liquide très faible avec 1000 parties d'amidon. Elles s'y incorporent complètement, et le tout reste à sécher soit à l'air, soit d'une autre manière. Une fois sèche, la substance est chauffée à la température de 220°. Il suffit d'une température plus basse, quand on se sert de l'acide préparé préalablement et non de l'amidon sec. Une autre méthode pour faire la dextrine avec de l'amidon, c'est de chauffer celui-ci avec une petite quantité d'eau et d'y ajouter ensuite une infusion de malt. Le malt jouit de la propriété de convertir l'amidon en plusieurs produits différents ; mais son premier effet est de le transformer en maltose, — sucre dont j'aurai à parler plus tard, — ensuite en dextrine. Dès que le liquide iodé indique que l'amidon a disparu ou en totalité ou presque en totalité, on fait bouillir rapidement la solution afin d'empêcher le ferment contenu dans l'infusion de malt de pousser plus loin l'hydratation de l'amidon, le but étant d'obtenir de la gomme ou dextrine et non du sucre de maltose. J'ai dit qu'une chaleur plus forte convertit l'amidon en dextrine, à plus forte raison si la chaleur est humide. Les boulangers de Vienne et à leur exemple ceux de Paris se servent de ce procédé ingénieux pour donner du vernis à leurs beaux petits pains. Ils ont l'habitude, qui n'est adoptée que par quelques boulangers de Londres, d'introduire dans le four, au moment où le pain y va être placé, de la vapeur d'eau. Au contact des parois chaudes du four, cette vapeur devient surchauffée; elle-même est parfaitement sèche; mais comme le pain est humide à sa surface, une fois placé dans cette atmosphère et soumis à l'action de la vapeur, il ne tarde pas à se couvrir de cette belle couche de vernis, rappelant parfaitement la gomme glacée des timbres-poste, formée elle aussi par l'amidon.

La dextrine obtenue par un des procédés ci-dessus indiqués possède les propriétés suivantes : c'est un corps gommeux, ressemblant par sa viscosité à la gomme commune du cerisier et à la gomme arabique. On l'emploie beaucoup dans les dessins sur calicot, pour épaissir le tissu, lui donner du lustre et y imprimer les couleurs. La dextrine est soluble dans l'eau froide, tandis que l'amidon ne l'est pas. Une solution de dextrine est plus ou moins précipitée par l'alcool. Vous voyez comme ce liquide clair se trouble quand on y ajoute de l'alcool. L'iode mêlé à la dextrine ne manifeste que peu d'action.

Il y a deux ou trois modifications de la dextrine : l'erythro-dextrine, qui se colore en brun quand on y ajoute de l'iode ; les autres dextrines achromatiques ne donnent point de réactions colorées et sont, selon Brown et Keron, les plus nombreuses. La dextrine n'exerce point d'action sur le liquide de Fehling, quand elle est pure ; mais, si vous répétez l'expérience avec la dextrine ordinaire du commerce, vous trouverez qu'elle manifeste une légère réaction. Cela dépend du mode de préparation. Si l'on opère sur l'amidon par le moyen d'un acide, — ce qui est, comme je l'ai dit déjà, un des procédés employés pour extraire la dextrine de l'amidon, — une petite [quantité de sucre doit nécessairement se former. Si au contraire on emploie l'infusion de malt, celle-ci ne peut produire la dextrine qu'en donnant en même temps du sucre de maltose, en sorte que par ce moyen nous obtenons du sucre en même temps que de la dextrine. Le chimiste a à sa disposition les moyens d'isoler le sucre et l'amidon de la dextrine commune, de manière à n'obtenir que de la dextrine, et un spécimen de la dextrine obtenue par ce procédé n'exerce pas plus d'action sur le liquide de Fehling qu'une solution d'amidon.

L'acétate basique de plomb, ajouté à une solution de dextrine, détermine un précipité; c'est là un réactif commode à employer dans les cas où l'on désire isoler la dextrine de l'infusion qui la contient. L'action exercée par la levure sur la dextrine est très lente, mais son résultat ultime est la conversion de celle-ci en sucre de maltose et naturellement ensuite en alcool.

Les corps venant ensuite dans notre série d'hydrocarbonés sont le sucre de canne et la maltose. Quoique différents selon toute probabilité par leur structure moléculaire, ils ont la même composition centésimale. Voici un échantillon de petits cristaux, surnommés cristaux de sucre de Finzel, du nom d'un fabricant de sucre de Bristol; ruiné malheureusement par les primes d'encouragement octroyées à l'exportation par le gouvernement français, il ne fabrique plus ses produits. C'est l'échantillon le plus pur de sucre de canne que l'on puisse trouver sur nos marchés. On retire le sucre de canne non seulement de la canne à sucre, mais aussi de la betterave, de la datte et de l'érable, quoiqu'on le trouve encore dans d'autres végétaux : ce·sont là les principales sources. Le pro-

cédé de sa fabrication n'est pas très compliqué.
Pour la canne à sucre, il consiste simplement à
exprimer le jus de la plante et à le faire bouillir
aussi vite que possible avec une petite quantité de
chaux. Le but principal de l'opération est de précipiter les substances albuminoïdes et de neutraliser par là l'acide, parce que, comme nous allons
le voir tout à l'heure, les acides ont la propriété
de transformer rapidement le sucre de canne,
corps cristallisable, en sucre qui ne se cristallise
point et que les chimistes désignent sous le nom
de sucre interverti, communément nommé mélasse; finalement, la solution est traitée par le
charbon animal, qui la décolore. Cette dernière
partie du processus est usitée dans les raffineries
d'Angleterre.

Tout le monde connaît le sucre de canne à l'état
pur; mais il présente deux ou trois réactions qui
pourraient, je crois, offrir quelque intérêt à mon
auditoire. J'ai déjà dit que, dans les hydrocarbonés, l'hydrogène et l'oxygène se présentent dans
les proportions ordinaires de la composition de
l'eau; en employant une petite quantité d'acide
sulfurique, substance ayant une grande affinité
pour l'eau, on dissout la molécule du sucre et on
provoque la réunion de l'oxygène et de l'hydrogène, c'est-à-dire la production de l'eau. Ceci n'a
lieu ordinairement que par la séparation du car-

bone. M. Lewis va ajouter cette substance, jouissant à un haut degré de la propriété d'absorber
l'eau, à notre solution de sucre de canne, et nous
allons voir le charbon se déposer. Le voilà déjà
tout noir. Tout à l'heure, il va gonfler, et, grâce
à la rapidité du phénomène, vous pourrez voir se
produire un dépôt abondant de charbon, tandis
que l'hydrogène et l'oxygène, convertis en eau,
ont été absorbés par l'acide. Telle est l'action d'un
acide puissant. Si, au lieu de soumettre le sucre à
l'action de cet acide, je m'étais servi dans le même
but de potasse à forte dose, le résultat eût été
à peu près le même. Le liquide de Fehling, ajouté
à une solution de sucre de canne, à condition que
la solution soit récemment préparée, n'exerce
point d'action ou n'en exerce qu'une très légère,
qui se borne uniquement à l'influence de l'alcali
lui-même sur le sucre de canne. Pendant que je
chauffe le liquide, M. Lewis va ajouter quelques
gouttes d'acide sulfurique à une solution de sucre
de canne. Pour le moment, nous n'allons pas
procéder à sa transformation en charbon, nous
allons le transformer en quelque autre genre de
sucre. Vous allez voir que le sucre de canne qui
n'a pas été traité par l'acide n'exerce point d'action
sur la liqueur de Fehling. Il ne réduit pas le protoxyde de cuivre en suboxyde ; mais il suffit de
le faire bouillir avec l'acide, ne fût-ce qu'un temps

très court ; il vaut mieux évidemment le soumettre
à l'action de la chaleur au moins une heure pour
le transformer en sucre de fruits ou sucre interverti. Quand, après avoir neutralisé l'acide au
moyen d'un peu d'alcali, on le chauffe de nouveau
avec la solution de Fehling, il se produit une
abondante réduction du protoxyde de cuivre en
suboxyde rouge.

Ce phénomène peut être provoqué non seulement par les acides minéraux, mais aussi par tous
les genres de substances albuminoïdes. M. Lewis
va prendre une solution de sucre de canne et la
soumettre à l'action d'une légère infusion de malt;
celle-ci est douée dans une certaine mesure de la
propriété de faire subir au sucre de canne les
mêmes transformations que celles que détermine
l'action des acides. C'est pourquoi à peine le plan-
teur des Indes occidentales a-t-il exprimé le suc de
la canne qu'il s'empresse de le bouillir ; sinon les
acides du suc et les matières albuminoïdes con-
vertiraient rapidement le sucre cristallin en sucres
non cristallisables. Ces sucres intervertis ne cris-
tallisent pas du tout, et c'est là l'origine de la
mélasse dans la fabrication du sucre ; en dépit de
tous les soins que l'on prend actuellement dans les
Indes occidentales (autrefois, il est vrai, on n'en
prenait guère), une partie du sucre de canne cristallisable se transforme toujours en sucres non

cristallisables qui sont connus sur le marché sous le nom de mélasses. Naturellement la plus grande partie de la mélasse est transformée au moyen de la fermentation et de la distillation en rhum. C'est l'opération à laquelle nous sommes en train de procéder pour le moment. Seulement, au lieu de la provoquer par l'emploi des corps albuminoïdes contenus dans la plante, nous nous servons de la solution de malt. Aussi, malgré la brièveté du temps, avons-nous déjà obtenu une conversion partielle de la solution de sucre.

Je dois vous faire remarquer à présent que l'alcool ne précipite pas le sucre de canne; autrement dit, le sucre de canne est soluble dans l'alcool. Le sucre de maltose est au contraire précipité par l'alcool, qui du reste ne peut le dissoudre qu'en très petite quantité; aussi est-on obligé de se servir de fortes doses d'alcool afin de dissoudre la substance cristalline appelée maltose.

Le sucre de maltose, que je vais aborder à présent, fut découvert par Dubrunfaut; mais il resta relégué dans l'oubli jusqu'au moment où les études de O'Sullivan, de Burton-sur-Trent, à propos de l'action sur l'amidon des ferments albuminoïdes, tels que nous les trouvons dans le malt, attirèrent de nouveau l'attention sur lui. Le tableau suivant représente le phénomène :

Produits de l'hydratation de l'amidon (O'Sullivan).

$$
\begin{array}{lllll}
\text{Amidon.} & & \text{Maltose.} & \alpha\ \text{Dextrine,} \\
(1)\ C_{72}H_{120}O_{60} & + & H_2O & = & C_{12}H_{22}O_{11} & + & C_{60}H_{100}O_{50} \\
& & & & & & \beta\ \text{Dextrine}\ \text{i.} \\
(2)\ C_{72}H_{120}O_{60} & + & 2H_2O & = & 2C_{12}H_{22}O_{11} & + & C_{48}H_{80}O_{40} \\
& & & & & & \beta\ \text{Dextrine}\ \text{ii.} \\
(3)\ C_{72}H_{120}O_{60} & + & 3H_2O & = & 3C_{12}H_{22}O_{11} & + & C_{36}H_{60}O_{30} \\
& & & & & & \beta\ \text{Dextr ne}\ \text{iii.} \\
(4)\ C_{72}H_{120}O_{60} & + & 4H_2O & = & 4C_{12}H_{22}O_{11} & + & C_{24}H_{40}O_{20}.
\end{array}
$$

En un mot, la première modification consiste dans l'addition d'une molécule d'eau. Cette modification est amenée par l'action des ferments albuminoïdes. Elle peut aussi être produite par la salive de l'homme, qui contient un ferment albuminoïde appelé *ptyaline*. Nous avons dans le malt un ferment albuminoïde analogue, que l'on désigne sous le nom de diastase. L'addition d'une molécule d'eau provoque la décomposition de la molécule complexe d'amidon en produits distincts, sucre de maltose $C_{12}H_{22}O_{11}$ (isomère du sucre de canne) et cinq molécules de dextrine $C_{12}H_{20}O_{10}$. Le stade suivant consiste dans l'addition de deux molécules d'eau. La décomposition ultérieure est provoquée par le ferment. Dans la dernière phase, nous avons quatre molécules d'ajoutées, et nous obtenons ainsi quatre molécules de sucre de maltose et deux de dextrine.

J'aurai l'honneur d'indiquer dans la leçon suivante que Brown et Heron dans leurs récentes recherches, ainsi que Grüber et Musculus, ont ajouté quelques autres produits hydratés à la liste fournie par O'Sullivan. Le sucre de maltose diffère du sucre de canne sous le rapport suivant : la formule est la même, c'est-à-dire la composition en centièmes est identique, et peut-être le poids moléculaire est-il le même; mais la maltose jouit des propriétés suivantes. Tandis que le sucre de canne ne dévie le plan de la lumière polarisée qu'à 73° à droite, la maltose dévie le rayon à 150° à droite. Elle est donc bien plus dextrogyre que le sucre de canne, mais moins que l'amidon. Nous avons vu que la liqueur de Fehling n'exerçait point d'action sur le sucre de canne, excepté néan-moins quand, après un temps donné, l'alcali commence à entamer le sucre. Dans tous les cas, cette action n'est point immédiate. Sur la maltose, au contraire, la liqueur de Fehling, comme nous allons le voir, produit sous l'action de la chaleur une réaction abondante et immédiate, quoique pourtant la réduction du protoxyde de cuivre en suboxyde ne soit pas aussi considérable que pour les sucres dont nous allons nous occuper tout à l'heure, particulièrement les sucres de dextrose et de lévulose. 100 parties de sucre de maltose exercent sur la liqueur de Fehling exactement la même action que 61 parties du sucre de dextrose ou de lévulose. Il résulte de ce qui précède que,

quoique la maltose ait la même formule que le
sucre de canne, il existe entre les deux une différence très marquée, premièrement dans l'action
exercée sur la lumière polarisée, secondement dans
celle exercée sur la liqueur de Fehling. Il y a encore une différence : la maltose n'est que légèrement soluble dans l'alcool ; par conséquent, l'addition de l'alcool aux solutions de maltose provoque
généralement un précipité. Le sucre de maltose
est actuellement très répandu dans le commerce ;
en voici quelques échantillons. L'un deux est la
substance désignée par O'Sullivan sous le nom de
dextrine-maltose ; il contient non seulement de la
maltose, mais aussi de la dextrine ; en voici un
autre plus riche en sucre de maltose qu'en dextrine ; vous voyez qu'il a une couleur plus claire.
Dans la leçon prochaine, je me propose d'aborder
les autres sucres importants, la dextrose et la
lévulose, en attirant votre attention sur quelques
recherches récentes se rapportant aux produits
hydratés de l'amidon.

Nous allons traiter aujourd'hui du troisième
sous-groupe, les glucoses, représentées par la formule $C_{12}H_{24}O_{12}$. Ce sont la dextro-glucose et la
lévo-glucose, appelées aussi dextrose et lévulose.
On les trouve dans les fruits, où elles sont produites probablement soit par l'action des acides,

soit par celle des ferments albuminoïdes solubles,. soit enfin par l'action combinée de ces agents sur le sucre de canne, préalablement emmagasiné dans l'organisme végétal.

La dextro-glucose, portée la première sur notre liste, ne se trouve que rarement séparée de la lévo-glucose dans les fruits. Le miel commun nous présente un exemple très connu de ce genre de glucose. Le miel est composé de dextro-glucose, de lévo-glucose et de saccharose. Il y a quelques années, Dubrunfaut prouva que le rapport de la dextro-glucose et de la lévo-glucose n'est point dans le miel ce qu'il aurait dû être, si celui-ci n'était que le produit de l'inversion ou transformation de la saccharose préalablement emmagasinée, c'est-à-dire que, au lieu d'y être en quantités égales (autant de dextro-glucose que de lévo-glucose), il s'y trouve toujours un excédant de dextroglucose. Ceci indiquerait qu'une partie de la dextrose doit son origine à l'action d'un ferment quelconque, exercée non sur le sucre de canne, mais sur une substance telle que l'amidon soluble.

Quant à la manière d'extraire la dextro-glucose du miel, un des procédés les plus usités consiste à triturer dans un mortier du miel granuleux avec un huitième de son poids d'alcool. L'alcool dissout la lévo-glucose, parce qu'elle est beaucoup plus soluble ; et, si l'on répète le procédé, le résidu non dissous par l'alcool consistera en dextro-glucose et en une petite quantité de sucre de canne ou saccharose.

Un procédé aussi simple consiste à prendre du miel cristallin et à le presser fortement à travers un filtre de calicot. Si la force de la pression est considérable, la lévo-glucose est expulsée sous forme liquide, et on obtient de la dextro-glucose avec de la saccharose à l'état solide.

Un procédé moins coûteux que d'extraire la dextrose du miel consiste à l'obtenir par la conversion de l'amidon ordinaire en dextrose. On opère dans ce cas sur la solution d'amidon avec de l'acide minéral dilué. La dextrose fut obtenue de cette manière pour la première fois par le célèbre chimiste Kirchhoff. Il prit une solution d'amidon, la soumit à l'action de l'acide dans la proportion de deux pour cent d'eau, et, après l'avoir soumise durant quatre ou cinq heures à une température de 80 à 90° C., il obtint de la dextrose. Si l'on neutralise la solution acide avec un peu de craie pulvérisée, l'acide sulfurique — il faut l'employer de préférence à l'acide chlorhydrique — se transforme en sulfate de chaux ou gypse ; après filtration vous obtenez une solution de dextrose.

Cette espèce de dextrose se fabrique aujourd'hui en grande quantité. En voici une bouteille. Cette autre contient aussi de la dextrose obtenue de l'amidon et désignée dans le commerce sous le nom de glucose. Je dois ces deux échantillons à l'obligeance du directeur en chef de la compagnie *Manbré Saccharine*. Je ne saurais dire exactement de quelle manière a été obtenu l'échantillon ci-dessus ; mais le plus souvent on se sert soit de blé d'Inde, employé aujourd'hui en grande quantité dans ce but par les fabricants américains, soit de riz (c'est probablement de ce dernier que s'est servie la compagnie Manbré), soit de quelque autre produit contenant de l'amidon. On commence par écraser le blé d'Inde ou le riz, on le brasse ensuite avec de l'eau, c'est-à-dire qu'il est infusé dans de l'eau contenant 1 pour 100 d'acide sulfurique. Ce mélange est ensuite chauffé au moyen de la vapeur, et au bout de quelques heures il est trans-vasé à l'aide d'une pompe dans un digesteur et soumis à la chaleur produite par la vapeur venant directement d'une chaudière à 70 de pression. Au bout d'un temps très court, pendant lequel la vapeur continue à être introduite à cette pression de la chaudière dans le digesteur, la température s'élève, et finalement la tension ou la pression atteint dans le digesteur le même degré que dans la chaudière ; dans ces conditions, il suffit d'un temps relativement court pour opérer la transfor-mation de l'amidon en dextrose. En procédant au contraire, comme je le fais, à la pression atmosphérique de 15 par pouce carré, il faut beaucoup plus de temps. Pour décider si le phénomène a parcouru toutes les phases de son évolution, les opérateurs peuvent se baser sur l'expérience que j'ai faite devant vous à la dernière leçon. Vous vous rappelez que l'alcool précipite les solutions contenant de la dextrine ; vous vous rappelez aussi qu'il précipite de même les solutions contenant du sucre de maltose. Il est donc évident que, si l'alcool perd la propriété de précipiter l'un et l'autre de ces deux corps, c'est qu'on n'a plus à faire qu'à de la dextrose, car dans ce processus, dont les acides sont les agents, les premiers corps formés sont, comme je m'en vais vous le montrer, la maltose et la dextrine. Mais, en résultat ultime, la maltose est hydratée en dextrine, et toute la dextrine à son tour est hydratée en dextrose. Aussi, dès que l'alcool ne donne plus de précipité, c'est un signe certain pour l'expérimentateur que le processus d'hydratation a atteint son terme. On verse alors le mélange dans de grandes cuves, où l'on ajoute de la craie pulvérisée, afin de neutraliser l'acide sulfurique ; après l'avoir laissé reposer, on extrait le liquide clair en le faisant filtrer à plusieurs reprises à travers du charbon animal, afin de le décolorer. Le degré de décoloration dépend dans une certaine mesure du prix de vente et de l'emploi auquel il est destiné. Enfin ce liquide est évaporé dans un appareil à vide, c'est-à-dire qu'au lieu de se faire à 15 de pression, l'évaporation ne se fait plus (au moyen d'une pompe à vapeur, qui soutire continuellement la vapeur de l'évaporateur) qu'à une pression de 2 ou 3. Ce produit se présente sur le marché sous la forme solide. Une lettre que j'ai reçue ce matin du directeur en chef de la compagnie Manbré me prévient qu'il lui sera très facile de me fournir des échantillons parfaitement blancs de ce produit. Ceux que nous avons ici sont colorés. Ils n'ont pas été destinés au but auquel je me propose de les faire servir dans ma prochaine leçon. Ils devaient être employés à brasser du pale-ale; je désire en avoir un plus clair, parce que, comme je vous l'expliquerai plus loin, j'ai l'intention de proposer l'emploi de cette dextrose à la place de la pomme de terre dans la préparation du pain, surtout pour les cas où l'on se sert de froment de qualité inférieure.

Maintenant, quelques mots touchant les qualités de cette dextrose. En premier lieu, elle est, comme son nom l'indique, dextrogyre. Elle dévie le plan de vibration de la lumière polarisée à 56° à droite. Elle est moins soluble dans l'eau et dans l'alcool que le sucre de canne, et n'est que de moitié aussi sucrée. Si vous goûtez le contenu de cette bouteille, vous pourrez le constater; dans le fait, il faudrait deux fois plus de dextrose pour produire le même effet que le sucre de canne ordinaire. Vous vous rappelez que, si l'on ajoute de l'acide sulfurique à une solution de sucre de canne, celui-ci se dissout et il se forme du charbon. Vous allez pouvoir constater que la dextrose a plus de stabilité que la saccharose, car l'acide sulfurique ne la dissout pas, et il n'y a point de formation de charbon. M. Lewis va ajouter un peu d'acide sulfurique à cette solution de dextrose, et vous pourrez voir qu'il ne se produit point de séparation de charbon.

Pendant ce temps, nous allons commencer l'étude de l'autre corps de la série, la lévo-glucose. On l'obtient du miel, soit en traitant celui-ci par l'alcool, de la manière ci-dessus indiquée, soit par le procédé plus simple de la pression. Un procédé encore moins coûteux, c'est de se servir de ce que les fabricants appellent sucre interverti, c'est-à-dire du sucre de canne ordinaire, dont les propriétés sont interverties ou transformées.

Si vous prenez cent parties de poids de sucre interverti et les triturez avec 60 parties de chaux hydratée, chaux vive commune, hydratée avec de l'eau et réduite à l'état de poudre fine et sèche, et 100 parties d'eau, vous obtenez un mélange presque liquide. Mais bientôt, la chaux réagissant sur la dextro-glucose et la lévo-glucose qui constituent ensemble ce que l'on appelle sucre interverti, la masse entière se solidifie. Si on soumet à une forte pression cette masse solide, la dextrose combinée avec la chaux, une dextro-glucose de chaux s'en sépare sous forme liquide, tandis que la lévo-glucose de chaux reste à l'état de corps solide. On dissout cette dernière dans de l'eau à laquelle on ajoute un peu d'acide oxalique; celui-ci ayant pour effet de précipiter la chaux, on obtient ainsi une solution de lévo-glucose. Obtenue de cette manière ou de toute autre, celle-ci a les propriétés suivantes. On l'appelle lévo-glucose ou lévulose, parce qu'elle dévie le plan de la lumière polarisée à gauche à 106°. Pour indiquer la rotation à droite, nous plaçons ×, et — pour indiquer un corps déviant le plan de rotation de la lumière polarisée à gauche. La lévo-glucose ne cristallise point; elle n'est jamais solide comme la dextro-glucose et est aussi sucrée que la saccharose. Elle est aussi bien plus soluble dans l'eau et l'alcool que sa congénère la dextro-glucose.

Ce qui précède suffit pour caractériser ces deux corps isolément pris. Je vais à présent indiquer les propriétés chimiques générales qui nous font reconnaître la glucose, que ce soit de la dextro-glucose ou de la lévo-glucose, peu importe.

En premier lieu, les glucoses jouissent de la propriété de réduire la solution de Fehling. M. Lewis va prendre une petite quantité de cette dextro-glucose et l'ajouter au liquide de Fehling, lequel, comme vous le savez, est composé de sulfate de cuivre mêlé au double tartrate de potasse et de soude, alcalisé au moyen de la soude caustique ou de la potasse caustique. Si l'on expose le mélange à une température de 80 à 90°, on voit le protoxyde de cuivre réduit en suboxyde rouge de cuivre. Ces glucoses, la dextro aussi bien que la lévo-glucose, exercent une action spéciale sur la solution de nitrate ou de chlorure de cobalt. Il faut noter que le sucre de canne ajouté à une solution de cobalt ne possède pas la faculté de prévenir les précipités d'oxyde hydraté provoqués par l'addition d'un alcali, tandis que la présence de la glucose empêche l'oxyde de cobalt d'être précipité par l'alcali.

Voici une solution de sucre de canne. Le liquide est coloré par le cobalt, et M. Lewis y a ajouté un peu de potasse. Cette autre est de la glucose; je ne sais exactement si c'est de la dextro-glucose, mais la chose n'a pas d'importance. M. Lewis vient d'ajouter du cobalt à la première, c'est-à-dire à la solution de sucre de canne; il y joint encore de la potasse, et, comme vous le voyez, il s'y forme un précipité abondant. Mais, si nous ajoutons de la solution de cobalt à la solution de glucose en y mêlant comme à la précédente de la potasse, nous n'obtiendrons pas le moindre précipité. C'est là un des moyens de reconnaître si le sucre de canne contient de la glucose ; mais, comme réaction, cette préparation est loin d'être aussi sensible que la liqueur de Fehling.

Les glucoses sont douées d'une puissance réductrice considérable. J'entends par puissance réductrice la faculté de dérober l'oxygène aux corps qui en contiennent. Prenons par exemple un sel ordinaire, connu de tous, la pierre infernale ou nitrate d'argent, et ajoutons-y de la glucose mêlée à un peu d'ammoniaque, il vaudrait peut-être encore mieux pour cette expérience ajouter un peu d'ammoniaque à la solution de glucose, de manière à obtenir une solution ammoniacale de glucose, et exposons ce mélange à une douce chaleur; nous verrons l'argent se précipiter à l'état métallique. Je ne prétends pas qu'il y ait le même aspect que dans une pièce de monnaie ; il forme une poudre noire. Parfois il se dépose sur les parois du verre, comme dans les miroirs. A l'aide de coups de marteau, on peut obliger les particules de cette poudre noire à se condenser, et alors elles ont toute l'apparence de l'argent métallique ordinaire.

La glucose est douée de la faculté de transformer l'indigo bleu en indigo blanc : c'est ce que nous appelons action réductrice. A vrai dire, ce n'en est pas une, et cette expression généralement employée ne sert qu'à démontrer le degré de nos connaissances, il y a à peine quelques années, quand on supposait que l'indigo blanc contenait moins d'oxygène que le bleu. Nous possédons maintenant une autre théorie pour l'explication du phénomène; mais ce que je tenais à vous démontrer, c'est la propriété de ce puissant agent de réduction de transformer l'indigo bleu en indigo blanc, une fois qu'on l'expose à la chaleur avec un peu d'alcali. Vous voyez combien le phénomène marche rapidement dès que le tube est chauffé.

Prenons à présent cet indigo réduit, fortement coloré, comme vous le voyez, parce que la potasse agit sur la glucose à haute température, en la transformant en divers produits colorés, et mettons-le dans de l'eau contenant un peu d'acide qui neutralise l'alcali. Comme vous le voyez c'est de l'indigo bleu que j'ai obtenu de ce chef. La glucose mêlée à une solution alcaline opère la conversion d'un liquide très employé par les chimistes pour démontrer la présence du fer dans une solution. On l'appelle prussiate rouge de potasse. Le prussiate rouge de potasse est réduit par la glucose en prussiate jaune de potasse ou autrement, le ferricyanide en ferrocyanide. On verse dans un tube du ferricyanide avec du chlorure ferrique ou teinture ferrugineuse, sans obtenir de réaction; mais,

3.

si l'on ajoute au ferricyanide de potassium de la glucose, il se transforme en ferrocyanide. Or le ferrocyanide donne avec la teinture de fer du bleu de Prusse, tandis que le ferricyanide ne produit pas cette réaction avec la même teinture. Vous pouvez donc constater, par les expériences qui ont lieu sous vos yeux, combien la glucose est un puissant agent de réduction.

Une expérience qu'il est presque inutile de faire devant vous démontre que la potasse caustique ou la soude n'exerce pas d'action ou n'en exerce qu'une fort légère sur le sucre de canne, tandis qu'elle convertit rapidement la glucose en produits colorés. La levure exerce aussi une puissante action sur la solution de dextrose. Elle convertit rapidement la dextrose en gaz acide carbonique et en alcool. Le même phénomène se produit si nous nous servons de la lévo-glucose; mais si nous prenons un mélange de dextro-glucose et de lévo-glucose, tel que nous le fournit le sucre interverti, nous verrons que la levure use plus de dextro-glucose, par unité de temps, que de lévo-glucose. Au bout d'un certain temps, il sera peut-être difficile de constater la présence de la dextro-glucose, mais il y aura toujours un peu de lévo-glucose, et c'est elle qui donne au pale-ale, pour lequel on l'emploie, une certaine consistance, agréable au palais.

Ceci m'amène à vous parler de la méthode employée pour la fabrication du sucre interverti. En voici un échantillon obtenu de la manière suivante. On dissout du sucre de canne dans de l'eau à laquelle est ajoutée une petite dose, un pour cent environ, d'acide sulfurique. On chauffe le mélange, et, au bout d'une heure ou d'une heure et demie, la masse entière de la saccharose se trouve convertie en un mélange où la dextro et la lévo-glucose entrent en parties égales. Après avoir été soumis à l'évaporation, ce produit est employé dans la fabrication de la bière, non point à l'exclusion du malt, mais dans la proportion d'un quart, et plus souvent d'un sixième. La principale raison qui fait employer par les brasseurs ce sucre de canne interverti, c'est qu'il ne contient point de matières albumineuses. Or il se forme dans l'orge, surtout dans les mauvaises saisons, comme celle que nous venons de traverser, une grande quantité de matières albumineuses solubles, la période de la maturation, quand les albuminoïdes solubles se transforment en insolubles, ayant été entravée par le mauvais temps. C'est à cause de cela que l'on se sert soit d'une substance telle que la dextro-glucose, soit d'une mixture comme celle que vous voyez, composée de dextro et lévo-glucose, afin de donner à la bière une certaine consistance qu'elle n'aurait pas eue sans cela.

La saccharose a une puissance dextrogyré de + 73°,8, la lévo-glucose une puissance de — 106°, et la dextro-glucose une puissance dextrogyre de + 56°. Si vous les mêlez ensemble et les divisez ensuite en deux parts, le mélange aura une puissance lévogyre de $\dfrac{-106° + 56°}{2}$, qui équivaut à — 25°, force optique du sucre de canne interverti.

Je crois avoir suffisamment déterminé les principales propriétés qui nous aident à reconnaître l'amidon, la dextrine, les sucres, la maltose, la dextro-glucose et la lévo-glucose. Pour le moment, nous pouvons considérer notre étude sur les corps hydrocarbonés comme terminée.

Je me suis peut-être arrêté un peu longuement sur les propriétés de ces corps si importants, propriétés qui sont probablement connues de quelques-uns de mes auditeurs. Mais, dans un cours public, le professeur est tenu de considérer la masse de son public et non une petite minorité que l'étude prolongée de la chimie a familiarisée avec ces matières. Or, comme la majorité de mon auditoire n'est pas dans ce cas et peut-être est même restée tout à fait étrangère à ce genre d'étude, elle n'a pu apprendre à connaître les propriétés de ces corps. Je me suis donc trouvé obligé de procéder comme je l'ai fait. Aborder l'important processus de la panification et celui

plus important encore de la fermentation sans
avoir préalablement appris à connaître les propriétés des corps qui entrent dans la composition
du pain, c'eût été marcher dans les ténèbres.

Revenons à présent au phénomène qui se produit quand certains ferments albuminoïdes agissent sur la pâte d'amidon. J'ai fait mention dans
notre dernière leçon des travaux si remarquables
de M. O'Sullivan, le chimiste de la maison Bass et
Cie, de Burton-sur-Trent. Il y a quelques années, il
découvrit un sucre nouveau auquel il donna le
nom de maltose. Il n'est pas du reste, le premier,
car avant lui Dubrunfaut avait déjà reconnu les
propriétés de ce corps et l'avait nommé, et plus
tôt encore, Musculus avait déjà hasardé, à propos
des produits hydratés résultant de l'action des
albuminoïdes sur la pâte d'amidon, une explication qui n'était point d'accord avec les théories
précédemment émises sur ce sujet.

Lorsque, il y a six ou sept ans, je faisais ici mon
cours, les résultats de ces recherches venaient
d'être publiés, et je ne les ignorais point; mais il
était trop tard pour modifier mes tableaux et mes
démonstrations. D'ailleurs je n'étais point préparé
alors à adopter sans restriction les conclusions de
M. O'Sullivan. Aussi ai-je présenté la glucose et la
dextrine comme étant les produits de l'action
exercée par les ferments albuminoïdes sur l'ami-

don et le sucre. Aujourd'hui, grâce aux recherches d'O'Sullivan, aux travaux ultérieurs de Musculus et de Grüber, à ceux de Brown et de Héron, corroborés par d'autres chimistes, nous avons acquis la certitude que l'infusion de malt ne produit, sous l'empire d'aucunes circonstances, ni dextro-glucose ni lévo-glucose, mais uniquement de la maltose et de la dextrine. Donc la maltose et la dextrine sont les produits de l'action de ce ferment important sur la solution d'amidon.

Les équations suivantes représentent, selon M. O'Sullivan, la nature de la réaction. A 140° F. approximativement, la réaction consiste en une molécule d'eau ajoutée à une molécule d'amidon. La molécule que je représente ici est beaucoup plus grande que celle indiquée par moi sur un tableau précédent, où elle n'était figurée que par C_{42}. Ici, je multiplie ce chiffre 12 par 6, valeur que j'attribue à n, en sorte que la formule de la molécule sera de C_{72}. Nous sommes donc en présence d'une molécule de maltose qui s'est constituée et de cette molécule complexe de a dextrine. Sous l'empire d'autres circonstances, d'une température plus basse et d'une durée de temps plus longue, il y a deux molécules d'ajoutées ; on voit se produire un dédoublement analogue de la molécule complexe, par suite duquel se forment deux molécules de sucre de maltose et B dextrine n° 1. Sous l'empire de circonstances plus favorables encore, quatre molécules d'eau s'ajoutent à la molécule complexe; un dédoublement a lieu par suite duquel quatre molécules de sucre de maltose et une molécule moins complexe de B dextrine n° 3 sont constituées. MM. Brown et Héron ont dernièrement communiqué à la Société de chimie le résultat de leurs longues et patientes recherches se rapportant à l'action de l'infusion de malt sur la pâte d'amidon. Ils ont constaté qu'à 60° C. se déroule la série de phénomènes suivants. Ils acceptent dans ses traits essentiels la théorie d'O'Sullivan, sauf quelques divergences. Voici ce qui se passe, la composition de la molécule d'amidon une fois admise selon la définition de nos expérimentateurs, c'est-à-dire consistant en C_{12} multiplié par 10, autrement dit si le n inconnu représente la valeur de 10 :

Au commencement, la solution d'amidon soluble analysée à l'aide du saccharimètre indique une déviation dextrogyre de la lumière polarisée de 216°; l'action réductrice sur la liqueur de Fehling est nulle. Au bout de quelques minutes, les expérimentateurs constatent que le mélange traité par la solution d'iode donne une couleur brune. Or, aussi longtemps que nous sommes en présence d'un amidon soluble, la réaction avec l'iode donnerait une couleur bleue; mais ici, après avoir été exposée durant quelques minutes à la température ci-dessus, la solution donne une couleur brune

Produits de l'hydratation de l'amidon soluble (Brown et Héron).

	J. 3°,86	K. 3°,86	DEXTRINE OBTENUE	
Amidon soluble.				
(1) $C^{12}H^{20}O$ 0	216°,86	0		
+ (2) $C^{12}H^{20}O^{10}$	209 ,0	6°,4	Erythro-dextrine	α
+ (3) $C^{12}H^{20}O^{10}$	202 ,2	12 ,7	»	β
+ (4) $C^{12}H^{20}O^{10}$	195 ,4	18 ,9	Achroo-dextrine	α
— (5) $C^{12}H^{20}O^{10}$	188 ,7	25 ,2	»	β
— (6) $C^{12}H^{20}O^{10}$	182 ,1	31 ,3	»	γ
(7) $C^{12}H^{20}O^{10}$	175 ,6	37 ,3	»	δ
+ (8) $C^{12}H^{20}O^{10}$	169 ,0	43 ,3	»	ε
(9) $C^{12}H^{20}O^{10}$	162 ,6	49 ,3	»	ζ
(10) $C^{12}H^{20}O^{10}$	156 ,3	55 ,1	»	η
Maltose.	130 ,0	61 ,0	»	

avec une déviation dextrogyre de 209° et 6.4 d'action sur la liqueur de Fehling. Pendant deux ou trois minutes encore, la réaction brune persiste, indiquant la présence du corps désigné par Grüber sous le nom d'érythro-dextrine. Ensuite, à la phase précise où la déviation dextrogyre indique 195° et la réduction du liquide de Fehling 18,9, les expérimentateurs n'obtiennent plus de produits colorés, mais bien de la dextrine achromatique. Nous ne suivrons pas dans toutes ses phases, le phénomène indiqué par le tableau et nous nous arrêterons seulement à la dernière période; si celle-ci se prolonge pendant un temps considérable, la dextrine disparaît, le tout ayant été converti en sucre de maltose, dont la déviation dextrogyre est de 150° et la puissance réductrice sur la liqueur de Fehling de 61 pour 100, c'est-à-dire que 100 parties en poids de sucre de maltose ne réduisent la solution de Fehling qu'autant que le feraient 61 parties en poids de dextro-glucose ou de lévoglucose. Voilà donc ce qui se passe : Cette molécule très complexe $10C_{12}H_{20}O_{10}$ est hydratée, et un dédoublement se produit par suite duquel la première $C_{12}H_{22}O_{11}$ disparaît, c'est-à-dire que désormais la molécule du sucre de maltose et du corps complexe qui reste contient C_{12} multiplié par 9. La phase suivante d'hydratation a lieu quand un autre C_{12} se détruit. Les phases suivantes sont marquées par la destruction successive des molécules, qui toutes sont des molécules distinctes de maltose, jusqu'à ce que finalement, quand le processus d'hydratation a duré pendant seize ou dix-huit heures, la masse entière de la dextrine se trouve être convertie en sucre de maltose, dont l'action sur la lumière polarisée est de + 150°. Le signe + du tableau indique que les réactions 2, 3, 4 et 8, dont l'action sur la lumière polarisée et le pouvoir de réduction sur le sulfate de cuivre sont équivalents, ont été bien établies. Les expérimentateurs soutiennent de même que les réactions 5 et 6 ont été suffisamment constatées; mais ils ne sauraient en dire autant des deux dernières.

On sera peut-être porté à me demander quel est le but pratique de tout ceci. Qu'importe qu'il y ait trois ou quatre molécules de dextrine de formées ou qu'il y en ait bien davantage? Nous allons tâcher de répondre à cette question. Vous vous rappelez que Brown et Héron, de même qu'O'Sullivan, avaient traité la pâte d'amidon, qui remplace la pomme de terre bouillie des boulangers, par un puissant agent d'hydratation, et Héron insiste sur le point que, quoiqu'ils se soient servis pour leur expérience d'un agent aussi puissant que l'infusion de malt, il y a eu pourtant production d'une série de dextrines, et que dans le fait la quantité de maltose que l'on obtient à basse température avec un faible agent hydratant, tels que

·les albuminoïdes du froment, doit manifestement donner des corps très riches en dextrine, mais fort pauvres en sucre de maltose. Je vous ai déjà dit que la levure de bière jouit de la propriété de transformer la maltose en acide carbonique et en alcool, mais elle n'exerce qu'une action très faible sur la dextrine. La dextrine est un corps très stable. Cette stabilité est même si grande par rapport à l'action de la levûre que les brasseurs allemands, et à leur exemple les brasseurs anglais, s'efforcent d'obtenir des produits hydratés de l'orge, avant leur fermentation, autant de dextrine que possible. La dextrine, qui n'est d'aucun usage au boulanger, ne se produit dans la panification que si la farine est de mauvaise qualité ou si le processus de fermentation n'a pas réussi. Plus est considérable la quantité de dextrine formée pendant la panification dans un temps donné (six ou douze heures) plus sera foncé le pain obtenu, car dans un four, au contact de l'humidité, la dextrine a la propriété de se transformer en produits fortement colorés. Aussi le boulanger doit-il tendre à trouver un procédé qui lui permette d'obtenir autant de maltose et aussi peu de dextrine que possible.

Il me semble donc que les recherches de Héron et d'O'Sullivan, aussi bien que toutes les études précédentes, ont clairement établi le point sui-

vant : la levure exerce une action considérable.
sur la pàte de farine et plus considérable encore
sur l'amidon soluble ; j'aurai à revenir encore sur
ce sujet.

Occupons-nous maintenant des albuminoïdes,
dont la composition générale est donnée dans le
tableau suivant :

Composition moyenne des albuminoïdes.

Carbone..	53,3
Hydrogène...	7,1
Azote	15,7
Oxygène	22,1
Soufre	1,8
	100,0

Formule hypothétique $C_{72} H_{112} Az_{18} SO_{22}$.

Si l'on consulte les différents traités écrits sur
ce sujet, on trouvera de légères variations dans
les rapports ; mais les chiffres que nous venons de
donner déterminent assez exactement le caractère
essentiel des corps albuminoïdes : carbone, 53,3 ;
hydrogène, 7,1 azote, 15,7 ; oxygène, 22,1, soufre 1,8. Le résultat analytique formulé par le chimiste Lieberkühn est le suivant : il convertit les
rapports centésimaux de ces éléments et obtient la
formule hypothétique : $C_{72} H_{112} Az_{18} SO_{22}$. Je dis
hypothétique, car, s'il a été difficile jusqu'ici de
définir exactement la composition de la molécule
de l'amidon, j'ai à peine besoin de dire que cette

définition est bien plus difficile encore pour ce qui touche les albuminoïdes.

Les albuminoïdes de la farine de froment diffèrent beaucoup de ceux des autres amidons. Le tableau ci-dessous représente la composition de différentes farines.

En l'examinant, nous verrons que les albuminoïdes entrent dans la composition du vieux froment pour 10,9, pour 13 dans l'orge, pour 16 dans l'avoine, pour 8 dans le seigle, pour 8,9 dans le maïs et pour 7,2 dans le riz. L'avoine et l'orge sont très riches en albuminoïdes, et il est probable que la plupart d'entre vous ont constaté que le froment est particulièrement riche en corps protéiques, comme les a surnommés Mülder, et que la valeur d'un échantillon de farine de froment dépend entièrement de la quantité d'albuminoïdes qu'elle contient. Je vais essayer de vous démontrer que les analyses dans le genre de celle que présente le tableau ci-dessous, où tous les albuminoïdes sont réunis sous une seule rubrique, sont tout à fait inutiles, car elles ne donnent aucune idée de la valeur de l'échantillon de farine employée pour la fabrication du pain

Si l'on malaxe de la fine fleur de farine avec de l'eau, — cette expérience est connue de tout le monde, — on élimine graduellement l'amidon, et le gluten revêt peu à peu l'aspect d'une masse

adhérente compacte. Tout naturellement, si vous
la lavez pendant très longtemps, vous aurez éliminé

Composition moyenne des céréales (farines).

	VIEUX FROMENT	ORGE	AVOINE	SEIGLE	MAÏS	RIZ
Eau............	11,1	12	14,2	14,3	11,5	10,8
Amidon........	62,3	52,7	56,1	54,9	54,8	78,8
Graisse........	1,2	2,6	4,6	2,0	4,7	0,1
Cellulose.......	8,3	11,5	1,0	6,4	14,9	0,2
Gomme et sucre.	3,8	4,2	5,7	11,3	2,9	1,6
Albuminoïdes...	10,9	13,2	16,0	8,8	8,9	7,2
Cendres........	1,6	2,8	2,2	1,8	1,6	0,9
Perte..........	0,8	1,0	0,2	0,5	0,7	0,4
	100,00	100,00	100,00	100,00	100,00	100,00

complètement l'amidon, et il ne restera que le
résidu, connu sous le nom de gluten cru. Humecté

avec de l'eau, ce gluten devient cohérent, — c'est-à-dire que toutes ses particules adhèrent l'une à l'autre avec une force considérable. En voici un échantillon, qui vous permettra de juger par vous-même de la ténacité de cette masse élastique et compacte.

L'avantage que cette propriété particulière présente pour la panification est d'une évidence qui ressort à tous les yeux. Un corps de cette nature élastique emprisonnera l'acide carbonique, produit par l'action de la levure sur l'amidon, et l'acide carbonique ainsi emprisonné fera lever la masse entière. L'abondance des albuminoïdes est par conséquent nécessaire pour obtenir un bon pain.

Le gluten cru est composé de quatre cinquièmes de fibrine et d'un cinquième d'un corps albuminoïde appelé glutine, dont le « i » sert à indiquer la différence qui le sépare de la masse appelée gluten. Celui-ci est éliminé par le processus du pétrissage, et la pâte, telle que vous venez de la voir, consiste en fibrine et en glutine. En outre, durant le pétrissage de la farine et de l'eau, on constate dans le mélange, à côté de l'amidon, l'apparition d'un corps albuminoïde, désigné quelquefois sous le nom de caséine, d'autres fois sous celui de légumine. En examinant ce gluten, nous constatons que, une fois séparé de l'eau, il n'a aucun goût et de plus est transparent. Ces biscuits, ces gâteaux et ces pains que vous voyez ont été faits avec du gluten de farine, et je voudrais que vous les examiniez de plus près après la leçon. Les divers échantillons exposés sur cette table, je les dois à l'obligeance de M. Bonthron, de Regent Street. Il prépare la farine de manière à pouvoir séparer l'amidon du gluten cru. Vous trouverez dans ce sac le gluten cru, ne contenant qu'une légère partie d'amidon ; dans cet autre de l'amidon, et dans ce troisième la farine dont ces deux produits ont été extraits.

Ce genre de pain est prescrit aux sujets diabétiques, pour l'alimentation desquels le médecin trouve nécessaire de restreindre autant que possible la dose d'amidon à absorber. Autrefois, on le faisait venir de Vienne. Mais voici un échantillon de pain fin et tendre fait ici ; il se conserve assez longtemps, dix ou quinze jours environ, ce qui permet aux malades qui habitent les diverses parties de l'Angleterre de le faire venir facilement. Cet autre, ce biscuit sec, poreux et luisant, peut se conserver un temps indéfini, des années sans aucun doute. Je viens de dire que le gluten n'a aucun goût. Voici de petits cakes, une espèce de pains d'épice, que M. Bonthron a bien voulu mettre à notre disposition. Ils sont légèrement additionnés de gingembre, afin de donner un peu de saveur à cette alimentation trop fade pour les malades. A d'autres qualités on ajoute soit des amandes, soit quelque autre ingrédient de nature à leur donner de la sapidité.

Je dois mentionner la raison pour laquelle j'attire votre attention sur cette espèce particulière de pain de gluten : il coûte quatre ou six fois moins que celui qui vient de Vienne.

Le gluten cru est donc un corps sec, dépourvu de goût, transparent une fois séparé de l'eau, et, comme nous venons de le voir, susceptible d'être dédoublé en glutine et en fibrine. La glutine est légèrement soluble dans l'eau froide, plus soluble dans l'eau chaude. Elle se dissout dans l'esprit-de-vin. Je dis esprit-de-vin, car si vous soumettiez ce produit de M. Bonthron à l'action de l'alcool absolu, la glutine ne se dissoudrait pas, tandis que vous obtiendrez ce résultat d'une manière complète en vous servant de l'esprit-de-vin. Le gluten cru une fois dissous dans l'esprit de vin, nous n'avons plus devant nous que la fibrine; il est donc évident que cette dernière n'est pas soluble dans l'alcool. Quoique la fibrine ne soit soluble ni dans l'eau ni dans l'alcool, pourtant mélangée avec de l'eau et exposée pendant quelque temps à l'action de la température ordinaire, elle fermente graduellement et finit par donner naissance à des produits putrides; mais, avant que ce phénomène ait lieu, dans le cours du processus de la fermentation, la nature complexe de la fibrine sera dédoublée et il y aura formation de certains albuminoïdes solubles. Cette décomposition a lieu quand le grain ou la farine ont été altérés par l'eau, ce qui provoque la fermentation. Dans ce cas, au lieu d'obtenir le gluten, produit très élastique de sa nature, nous n'avons plus qu'une substance qui n'offre que peu de résistance.

Les corps albuminoïdes solubles sont la légumine et l'albumine. Je préfère employer le nom de légumine au lieu de celui de caséine, parce que ce corps se trouve plus particulièrement dans les graines des plantes légumineuses : fèves, pois, ivraie, etc. La légumine est soluble dans l'eau et dans l'alcool; l'acide acétique la précipite; mais une solution aqueuse de ce corps, soumise à la coction, ne donne point de précipité.

Un autre corps albuminoïde soluble dans l'eau est l'albumine. Il est précipité par l'alcool ainsi que par la coction à l'état de solution. Personne n'ignore que, si l'on chauffe une solution d'albumen animal, ce corps se coagule; chacun peut le constater en faisant cuire un œuf un peu longtemps. Les réactifs les plus sensibles pour déceler la présence dans une solution de la quantité même la plus minime de l'albumen soit végétal, soit animal, sont le ferrocyanide de potasse et l'acide acétique ajoutés en petite dose à la solution. En

attendant que M. Lewis s'occupe de cette expérience, vous me permettrez de dire quelques mots
touchant le dernier des corps albuminoïdes dont
nous ayons à nous occuper.

Dans la pellicule du froment que l'on élimine
d'ordinaire sous le nom de son, se trouve un autre
corps albuminoïde, appelé céréaline. Or la céréaline exerce une action très marquée sur l'amidon,
action en tout identique à celle de la diastase ou
de l'infusion du malt. Ce corps se trouve emmagasiné dans le son, dans le but principal de procurer au jeune embryon de la plante une alimentation suffisante, tirée non seulement de l'amidon,
mais jusqu'à un certain point de la cellulose des
cotylédons du blé. Comme beaucoup d'albuminoïdes, la céréaline est précipitée par l'alcool ainsi
que par les acides. Ces corps solubles, la légumine,
l'albumine, la céréaline, se trouvent, soit séparément, soit ensemble, dans toutes les graines, et
c'est précisément parce qu'ils se trouvent dans les
graines pendant les processus de la germination
que les chimistes s'en servent dans leurs études
sur l'amidon, comme de substances douées du
pouvoir de convertir l'amidon et même la cellulose en matières solubles. Vous vous rappelez,
n'est-ce pas, que l'amidon et la cellulose sont insolubles dans l'eau, jusqu'à ce que, transformés en
divers sucres, ils acquièrent la faculté de se dis-

soudre et d'être absorbés par les cellules de l'embryon de la plante. Or le total de ceux-ci augmente par le processus de la germination. Voici l'analyse des substances albumineuses contenues dans l'orge et le malt.

Substances albumineuses.

	Orge.	Malt.
Glutine (soluble dans l'alcool)..	0,28	0,34
Coagulable par la chaleur......	0,28	0,45
Non coagulable.................	1,55	2,08
Albumine insoluble.............	7,59	6,23
	9,70	9,10

Pour l'orge, la proportion est de 9,7, pour le malt de 9,1 ; mais il y a eu réduction considérable dans la proportion des corps albumineux insolubles. Ils étaient de 7,5 dans l'orge et ne sont plus que 6,2 dans le malt ; en même temps, la quantité des corps albuminoïdes solubles a augmenté en proportion correspondante. La germination a pour effet d'augmenter avant tout la quantité des corps albuminoïdes solubles. Mais, tout en étant assez remarquable, ce phénomène est loin d'être aussi important qu'un autre changement tout particulier qui s'opère. Dans l'orge ou le froment bien germé, à la graine bien fournie, les albuminoïdes solubles n'exercent point une trop grande action sur l'amidon ; tandis qu'au contraire, au moment du processus de la germination, il y a augmentation considérable de cette action.

Le temps nous presse, et je suis forcé de remettre à la leçon prochaine certaines questions que je voulais traiter aujourd'hui. Je me bornerai donc à esquisser les caractères généraux des corps albuminoïdes que l'on trouve dans d'autres céréales. Pour ce qui regarde la farine d'orge, la différence essentielle entre elle et la farine de froment consiste moins dans la quantité des corps albuminoïdes que dans leurs propriétés. Si nous pétrissons de la farine d'orge avec de l'eau, nous trouverons qu'au bout de quelque temps il n'y reste plus qu'une très petite quantité de gluten cru, ce qui la rend impropre à donner un bon pain. Je sais bien que la farine d'orge a été employée à cet usage pendant des siècles; mais celui de vous qui aura mangé du pain d'orge sera de mon avis que c'est une masse lourde, gluante, désagréable. Cette pâte ressemble plutôt à la pâte de froment bouillie qu'à celle qui a été cuite au four.

Très riche par la quantité totale d'albuminoïdes qu'elle contient, la farine de seigle est si pauvre en gluten cru qu'il n'en reste rien, la farine une fois pétrie avec de l'eau. Il est éliminé tout entier avec l'amidon. Non qu'il soit soluble, mais parce qu'il lui manque cette cohérence nécessaire pour constituer la masse élastique et épaisse qui caractérise la farine de froment dans les mêmes conditions.

On peut en dire autant de la farine d'avoine. Je ne sais si quelqu'un de vous a jamais vu la farine d'avoine soumise à la fermentation ordinaire avec la levure ; elle donne une pâte lourde, et la même définition peut s'appliquer à la pâte de maïs. Pourtant la farine de seigle est très employée dans le nord de l'Europe à la fabrication du pain, et c'est principalement avec ce genre de farine qu'on emploie le levain pour faire lever la pâte. Ceux qui ont voyagé dans ces pays connaissent la couleur brune du pain que l'on obtient avec du seigle fermenté à l'aide du levain. Les mêmes observations sur l'absence d'un gluten élastique et cohérent s'appliquent, dans une certaine mesure, à l'avoine, à l'orge, ainsi qu'à toute autre espèce de céréales, excepté le froment.

Donc, par sa richesse en gluten, lequel par son élasticité compacte emprisonne l'acide carbonique et contribue à donner un pain léger et poreux, le froment est particulièrement propre à la fabrication du pain à l'aide du processus de la fermentation.

On peut facilement diviser les albuminoïdes contenus dans les céréales en deux catégories principales : ceux qui sont solubles dans l'eau et ceux qui, tout au moins à première vue, ne le sont pas. Les albuminoïdes insolubles sont la glutine et la fibrine. La glutine diffère de la fibrine en ce qu'elle est légèrement soluble dans l'eau froide et plus encore dans l'eau chaude; mais ce qui la distingue surtout de la fibrine, c'est qu'elle possède la propriété de se dissoudre dans l'alcool, tandis que celle-ci, qui constitue 71 0/0 du gluten cru, ne s'y dissout pas. Il y a encore d'autres corps albuminoïdes, mais ceux-ci sont tous solubles dans l'eau. Ils consistent en albumen, lequel est naturellement soluble dans l'eau. Ce corps est précipité par l'alcool et par la coction, ce qui le distingue d'un autre corps du même groupe, la légumine, analogue à l'albumen sous tous les autres rapports, mais ne se précipitant point par la coction. Enfin il y a une espèce de substance albuminoïde soluble, que l'on trouve plus particulièrement dans l'enveloppe ou la pellicule du grain du froment; on lui a donné le nom de céréaline. C'est un ferment diastasique, très actif, fort semblable au ferment diastasique que l'on obtient de l'orge maltée, en faisant une infusion du résidu de la drèche.

Ces trois variétés d'albuminoïdes se trouvent tantôt séparément tantôt ensemble plus ou moins dans toutes les graines. Je vous ai indiqué la nature de la caryopse de l'orge en la comparant avec les cotylédons riches, charnus et épais de la fève et du pois; je vous ai dit aussi que, soit dans la fève et le pois, soit dans la caryopse de l'orge ou du blé, il s'agit toujours d'une provision de substances alimentaires emmagasinées par la plante-mère pour la future nutrition du jeune embryon. Or la fonction de ces albuminoïdes solubles consiste précisément à transformer les matières insolubles de la cellulose, les fibres ligneuses, et, ce but une fois atteint en grande partie, d'attaquer l'amidon, les substances amylacées dans les graines ou les semences, pour les transformer en aliments solubles destinés au jeune embryon en voie de croissance. Nous verrons que la proportion d'albuminoïdes solubles n'est pas grande dans les graines mûres et bien fournies, mais qu'elle est très considérable dans celles qui ne sont pas encore venues à maturité et plus encore dans celles qui germent.

Je veux appeler votre attention sur une expérience très intéressante, à cause de sa grande importance dans la fermentation et que les boulangers ont découverte d'eux-mêmes. Si nous prenons de la levure, ferment d'une grande activité et d'une grande force quand il est joint à la dextro ou lævoglucose ou à la maltose du sucre, et si nous l'ajoutons aux cellules de l'amidon non rompues, nous constaterons que même en le laissant pendant une heure exposé au froid, l'action de la levure aura été insignifiante; au lieu qu'en ajoutant à cette levure et à cet amidon non rompu — c'est-à-dire l'amidon ordinaire qui n'a pas encore subi la coction et dont les cellules sont intactes — une petite quantité d'infusion d'une céréale quelconque faite à l'eau froide, nous trouverons que les albuminoïdes solubles qui y sont contenus subissent l'action de la levure et passent de leur structure moléculaire complexe à l'état de corps d'une moindre complexité moléculaire. En d'autres termes, ils sont moins colloïdaux ou gommeux; ils sont plus instables. Cette modification moléculaire particulière, subie par les corps albuminoïdes solubles, qui se trouvaient dans l'infusion d'eau froide et de céréales, est le résultat de l'action exercée sur eux par la levure; ainsi altérés, ces albuminoïdes acquièrent la propriété de pénétrer à travers les parois des cellules d'amidon et d'amener par là l'hydratation de l'amidon. Ainsi s'obtiennent la maltose du sucre et les dextrines de différentes espèces. Si au contraire nous ne nous servons pas des albuminoïdes solubles qui sont contenus dans l'infusion d'eau froide et de céréales, si nous prenons l'amidon avant la coction, nous trouverons que l'action exercée par la levure dans le même laps de temps aura été comparativement très insignifiante. Or c'est là un point d'une grande importance, et nous allons voir que de longue date le boulanger a acquis tout ce savoir d'une manière pratique. Quant à nous, nous ne le considérons

que sous le point de vue de l'intérêt scientifique
qu'il présente. M. Lewis met dans un tube un peu
d'eau, des cellules d'amidon non rompues et de la
levure ; dans un autre tube, il ajoute à la levure et
à l'amidon une petite dose d'infusion aqueuse
froide de fleur de farine. Pendant une heure, on
laisse en repos ces deux tubes, après quoi on traite
par la solution de Fehling une petite partie du contenu filtré de chacun d'eux : la levure et l'amidon
seuls, chauffés avec ladite solution, n'exercent sur
elle aucune action ou n'en exercent qu'une insignifiante ; tandis que mêlés à la solution aqueuse
de fleur de farine, ils réduisent la solution de Fehling. Ceci prouve que des sucres ont été produits
par l'intervention des albuminoïdes solubles de la
fleur de farine. Il est permis d'en conclure que la
cellule de la levure est impuissante par elle-même
à pénétrer jusqu'à la cellule de l'amidon et que
l'action exercée par elle n'est qu'indirecte : elle
consiste avant tout à altérer la forme des albuminoïdes solubles, ensuite à les faire pénétrer à travers les parois de la cellule de l'amidon.

Tous les albuminoïdes, même ceux non solubles
dans l'eau, même le plus complexe de tous par sa
structure moléculaire, la fibrine, ont une tendance
à dégénérer, à devenir de moins en moins complexes et finalement solubles dans l'eau. L'altération de la composition moléculaire se communique

à la structure très complexe de l'amidon; subissant l'action de cette altération, dont la molécule albuminoïde est le siège, l'amidon à la structure complexe se décompose en molécules moins complexes, en maltose et en dextrine. Dans certains cas il y a production d'autres sucres. Comme on le voit, les albuminoïdes sont de puissants agents de décomposition, de désorganisation de la complexité de la structure moléculaire. Mais ceci n'est pas le seul point intéressant lié à l'azote. On considère ordinairement l'azote comme un corps inerte, employé uniquement pour diluer l'oxygène de l'atmosphère; aussi sommes-nous portés à conclure au rôle comparativement insignifiant de l'azote dans les phénomènes de la nature. Pourtant, sans l'action de l'azote ou plutôt de ses composés, il n'y aurait pas de vie dans l'univers. La plus simple cellule ne saurait être constituée sans l'action de cet architecte merveilleux, le composé azoté. Toute cellule organique, par conséquent tout grand agrégat de celle-ci, tel qu'un chêne ou un homme, composé de plusieurs millions de cellules, n'est que le produit de la force merveilleuse de l'azote ou plutôt de ses composés. Pour des raisons faciles à comprendre, cet agent de vie si puissant, ce merveilleux créateur d'organismes, est un facteur non moins énergique de décomposition. Partout où des albuminoïdes se trouvent dans des conditions suffisantes d'humidité et de chaleur, l'agent de décomposition est tout prêt. Afin de s'opposer à cette puissance de décomposition dont les albuminoïdes sont doués, on a eu recours à deux méthodes principales. L'une consiste dans l'emploi de la chaleur. Par la simple action de cet agent, les albuminoïdes sont rendus insolubles et par conséquent inertes. Personne n'ignore qu'en faisant cuire le blanc de l'œuf on empêche jusqu'à un certain point la décomposition de l'albumen; il se conservera, autrement dit il résistera à la putré-faction plus longtemps qu'à l'état cru. La chaleur et la sécheresse constituent un moyen plus efficace encore pour empêcher la destruction de ces albu-minoïdes. Si l'on prend de la cellulose à l'état pur, telle qu'elle existe en grande quantité dans la structure du bois, de la cellulose absolument iso-lée de toute espèce d'albuminoïdes, on pourra se convaincre qu'elle ne se détruit pas même dans un milieu humide; elle pourra se conserver des siècles durant. Or on sait que le bois a en général la propriété de se décomposer rapidement, surtout dans un milieu humide. L'un des procédés usuel-lement adoptés pour combattre cette tendance à la putréfaction, consiste à exposer le bois à l'action du feu, de manière à en carboniser une partie, comme on le fait quand on carbonise le bois pour en faire du charbon. Ce procédé a néanmoins été remplacé par un moyen plus efficace, celui de précipiter les albuminoïdes. L'acide tannique et la créosote possèdent la propriété de précipiter les albuminoïdes. Aussi le tanneur se sert-il de l'ac de tannique contenu dans l'écorce du chêne ou du *Bombay cutch*, et les compagnies de chemin de fer ont-elles soin de créosoter leurs traverses. La créosote a pour but de précipiter les albuminoïdes et de les rendre inaptes à décomposer la cellulose du bois. C'est aussi de cette manière qu'on prépare le poisson, par exemple la merluche finnoise, que l'on conserve en la fumant. Le même procédé est employé pour le jambon. On a eu recours dans le même but à d'autres ingrédients, au sel par exemple, dont les boulangers se servent pour empêcher jusqu'à un certain point la décomposition des albuminoïdes. Dans la préparation de leurs momies, les Egyptiens se servaient du même système, consistant en partie dans l'emploi de la chaleur sèche, en partie dans celui de certains principes aromatiques. Il est donc prouvé que la chaleur, surtout la chaleur sèche, est un des agents susceptibles d'empêcher la décomposition des albuminoïdes. L'autre méthode consiste dans l'emploi de réactifs chimiques, tels que le sublimé corrosif, l'acide tannique, la créosote et autres substances de ce genre, dont l'action est de précipiter les albuminoïdes. Nous traiterons plus amplement ce sujet, quand j'aborderai la question de la dessiccation du grain dans les fours.

Nous avons vu les caractères différents que présentent les albuminoïdes contenus dans diverses céréales. Je voudrais maintenant attirer votre attention sur les altérations qui se produisent dans les albuminoïdes du froment sous l'action des agents climatériques. Voici le résultat des travaux de l'éminent chimiste Péligot sur différentes qualités de froment de la France et des pays étrangers :

Analyses du froment (Péligot).

	FLANDRE	PROVENCE	ODESSA	HÉRISSON	POULARD ROUX	POULARD BLEU	POULARD BLEU TROIS ANS	MIDI	POLOGNE	HONGRIE	ÉGYPTE	ESPAGNE	TAGANROG
Eau..........	14,6	14,6	15,2	13,2	13,9	14,4	13,2	13,6	13,2	14,5	13,5	15,2	14,8
Graisse......	1,0	1,3	1,5	1,2	1,0	1,0	1,2	1,1	1,5	1,1	1,1	1,8	1,9
Albuminoïdes insolubles...	8,3	8,1	12,7	10,0	8,7	13,8	16,7	14,4	19,8	11,8	19,1	8,9	12,2
Albuminoïdes solubles....	2,4	1,8	1,6	1,7	1,9	1,8	1,4	1,6	1,7	1,6	1,5	1,8	1,4
Dextrine.....	9,5	8,1	6,3	6,8	7,8	7,2	5,9	6,4	6,8	5,4	6,0	7,3	7,9
Amidon.....	62,7	66,1	61,3	67,1	6,7	59,9	59,7	59,8	55,1	65,6	59,8	63,6	57,9
Cellulose....	1,8	»	»	»		1,5	»	1,4	»	»	»	»	2,3
Sels.........	»	»	1,4	»		1,9	1,9	1,7	1,9	»	»	1,4	1,6

Ce tableau nous fait connaître quelques faits très utiles. En premier lieu, l'examen de l'analyse du froment flamand nous prouve que les albumi-noïdes insolubles y entrent pour 8,3, les solubles pour 2,4 ; le froment d'Odessa contient 12,7 d'albuminoïdes insolubles et 1,5 de solubles ; le Poulard bleu, 8,7 d'insolubles et 1,6 de solubles ; une autre variété de froment Poulard contient 13,8 d'albuminoïdes insolubles et 1,8 de solubles. M. Péligot nous donne en même temps l'analyse de la même qualité de froment d'une année très sèche : les albuminoïdes solubles n'y entrent que pour 1,4. Je voudrais attirer particulièrement votre attention sur deux ou trois points de l'analyse en question. Premièrement, si nous divisons les albuminoïdes insolubles par les solubles, de manière à convertir ces derniers en unités, nous obtiendrons le rapport suivant : pour le froment flamand, ce rapport des albuminoïdes insolubles aux solubles sera comme 4 1/2 à 1 ; pour celui d'Odessa, comme 9 à 1 ; pour celui de Poulard, comme 8 1/2 à 1 ; pour celui du Midi, comme 10 à 1 ; pour le froment de Pologne, comme 12 1/2 à 1 (rapport très considérable); pour celui de Hongrie, comme 8 1/2 à 1 ; pour celui d'Egypte, comme 14 à 1 ; pour celui d'Espagne, comme 6 à 1, et, pour celui de Taganrog, comme 10 à 1. Nous verrons dans la suite l'importance que présente cette analyse pour le meunier, quand il s'agit de mélanger les diverses qualités de froment, afin d'obtenir une farine de première qualité. Mais voici le point le plus intéressant de l'analyse faite par Péligot. N'ayant pas eu l'occasion de voir le texte original, je ne saurais dire si ce point est indiqué par le chimiste lui-même, les méthodes d'analyse d'il y a trente ans étant loin d'être aussi perfectionnées que celles d'aujourd'hui. Mais il est sûr que si l'on mélange la dextrine, connue de nos jours sous le nom de maltose, avec la dextrine proprement dite, et qu'on la compare avec les albuminoïdes solubles, on constatera un rapport curieux à caractère constant. Celui des albuminoïdes solubles sera à la dextrine dans le froment flamand comme 1 à 4. Si nous prenons celui d'Odessa, très différent de celui de Flandre, par la grande proportion des albuminoïdes insolubles qu'il renferme, le rapport des albuminoïdes solubles à la dextrine sera également comme 1 à 4. Le même rapport se retrouve dans le Poulard bleu et dans les autres variétés de froment, inclusivement jusqu'à celui de Hongrie, où le rapport ne sera plus tout à fait comme 1 à 4, mais bien comme 1 à 3 1/2. Mais cette différence doit provenir plutôt de quelque légère erreur qui se serait glissée dans l'analyse, plutôt que d'une différence réelle dans la nature de la composition. Le rapport de 1 à 4 se trouve dans les froments d'Egypte et d'Espagne pour se transformer dans celui de Taganrog comme 1 à 5 1/2. Ici encore, ce pourrait être une erreur d'analyse. A part ces exceptions, cette longue liste nous présente le rapport des albuminoïdes solubles à la dextrine comme étant toujours de 1 à 4, ce qui caractérise évidemment une certaine combinaison des substances albuminoïdes avec les corps saccharisés.

Laissez-moi encore attirer votre attention sur les résultats importants publiés, il y a déjà bien des années, par MM. Lawes et Gilbert. Ces noms sont probablement connus de beaucoup d'entre vous. Mais nous tenons à informer le reste de nos auditeurs de la dette immense que l'agriculture anglaise a contractée envers M. Lawes. Depuis plus de trente ans, ce chimiste distingué dépense annuellement quelque 4 000 ou 5 000 livres sterling pour faire une série de recherches sur l'influence des saisons sur le froment, aussi bien que sur une quantité d'autres questions liées à la chimie agricole. Dans cette œuvre d'intérêt vraiment national, il a trouvé un aide habile dans son collaborateur scientifique le docteur Gilbert.

Influence des saisons sur les caractères de la récolte du froment
(Lawes et Gilbert).

RÉCOLTES	PARTICULARITÉS DU PRODUIT				COMPOSITION DU GRAIN			COMPOSITION DE LA PAILLE		
	Total du grain et de la paille par acre en liv.	Pour 100 du grain dans le produit total.	Pour 100 du blé nettoyé dans le produit total.	Poids arbois se au de blé nettoyé	Pour 100 sec (212° F.)	Pour 100 de cendres sèches.	Pour 100 d'azote sec.	Pour 100 sec (212°).	Pour 100 cendres sèches	Pour 100 d'azote sec.
— 1845	5545	33,1	90,1	56,7	80,8	1,91	2,25	»	7,06	0,92
+ 1846	4114	43,1	93,2	63,1	84,3	1,96	2,15	»	6,02	0,67
— 1847	5221	36,4	93,6	62,0	»	»	2,30	»	5,56	0,73
— 1848	4517	36,7	89,0	58,5	80,3	2,02	2,39	»	7,24	0,78
+ 1849	5320	40,9	95,5	63,5	83,1	1,84	1,94	82,6	6,17	0,82
/ 1850	5496	33,6	94,3	60,9	84,4	1,99	2,15	84,4	5,88	0,87
+ 1851	5279	38,2	92,1	62,6	84,2	1,80	1,98	84,7	5,88	0,78
— 1852	4299	31,6	92,1	56,7	83,2	2,00	2,38	82,6	6,53	0,79
— 1853	3932	25,1	85,9	50,2	80,8	2,24	2,35	81,0	6,27	0,20
/ 1854	6803	35,8	95,6	61,4	84,9	1,93	2,14	83,7	5,08	0,69 0,
Farines.	5053	35,4	92,1	59,6	82,9	1,98	2,20	83,2	6,17	0,82

En jetant un regard sur ce tableau, vous verrez que j'ai marqué d'un + les années 1846, 1849 et 1851. C'est parce qu'elles ont été signalées par des étés très secs, par des chaleurs prolongées et par des conditions favorables non seulement durant la période de la maturation, mais aussi pendant celle de la moisson. Si nous consultons les tableaux dressés par Lawes et Gilbert, nous trouverons premièrement que le poids total du produit par acre est très élevé, secondement que le rapport du blé nettoyé au poids total du blé sera très élevé, troisièmement que le poids relatif du blé est aussi élevé. Il est représenté ici en tant de livres par boisseau, et ceux qui sont au fait des questions agricoles remarqueront que 63 lbs ou 62 1/2 lbs par boisseau indiquent un produit supérieur. Or, tandis que la moisson était favorable et le grain de bonne qualité, la proportion des cendres qu'il contenait était en 1846 de 1,9, en 1849 de 1,8 et en 1851 de 1,89, chiffre très bas si nous le comparons à celui des mauvaises années. Mais ce n'est pas tout. Un produit supérieur dans des conditions de maturité élevée, en d'autres termes un froment excellent, ne contient qu'une proportion très faible d'azote, 2,15 en 1846, 1,94 en 1849 et 1,98 en 1851.

Envisageons à présent la question sous une autre face. Les mauvaises années sont marquées d'un —. 1845 fut une mauvaise année. 1848, l'année des troubles politiques, fut aussi une année de désastre pour les fermiers. 1852 et 1853 furent aussi de mauvaises années. Or, en examinant ces années sur les tableaux, on peut se convaincre que, en même temps que le poids total du blé est bas, le poids du grain nettoyé ne l'est pas moins. Durant une année, il n'est que de 58 lbs par boisseau, durant une autre de 50 lbs. Mais en revanche la proportion des cendres est très élevée. Pour l'année 1848, année comparativement mauvaise, il est de 2,02, pour l'année 1852 de 2, pour 1853 de 2,24, et ainsi de suite. La proportion d'azote y est aussi élevée que celle des cendres; j'entends le rapport centésimal de l'azote, non sa quantité absolue par acre. Par rapport au blé, ce pour cent sera certainement élevé, en 1845 de 5,25, en 1852 de 2,38, en 1853 de 2,35. On voit par conséquent que, loin de coïncider avec une bonne qualité de froment, un pour cent élevé d'azote coïnciderait plutôt avec sa mauvaise qualité. Il en est de même pour les cendres : une forte proportion de cendres indiquerait plutôt une qualité inférieure de grains.

Les analyses du Dr Gilbert, ayant été faites après que le grain eut été séché, ne déterminent point le pour cent liquide qu'on aurait voulu comparer avec celui indiqué par Péligot; mais, en consultant les tables de ce dernier, on voit bien que 14 pour 100 ou un septième du total consiste en eau. Si nous éliminons cette quantité de la colonne d'azote des tables de Lawes et Gilbert, nous obtiendrons, en multipliant le reste par 6,33, la même proportion d'albuminoïdes que dans les exemples donnés par Péligot. En faisant cette correction pour les années 1846, 1849 et 1851, et en comparant les résultats obtenus par Lawes et Gilbert avec ceux de Péligot, nous constaterons que, pour ces trois années, les albuminoïdes solubles et insolubles, additionnés, donnent en moyenne la proportion de 10,85. Pour les mauvaises années, celle de 1845, 1848, 1852 et 1853, le total moyen de ces mêmes albuminoïdes s'élève à 12,7. Ainsi le froment des mauvaises années se trouve contenir 2 0/0 de plus de substances albuminoïdes que n'en contient le froment des bonnes années ; autrement dit le froment de mauvaise maturation contient une plus grande proportion d'azote. Tel est au moins le cas pour notre pays. Il y a plus : non seulement la quantité d'azote ou d'albuminoïde est plus élevée dans les mauvaises années, mais, ce qui n'est pas moins important pour le meunier, ces corps albuminoïdes n'ont pas subi une élaboration suffisante. Une quantité considérable d'entre eux est soluble, comme la céréaline et l'albumine, et il y en a relativement plus que d'albuminoïdes insolubles, dont a besoin le meunier.

Voici d'autres tableaux présentant une série de résultats obtenus par M. Brown, démonstrateur au laboratoire de technologie chimique du collège de l'université. Ce travail a été entrepris exprès pour notre cours ; il s'agit de l'influence de l'humidité dans le processus de la panification, quand à la farine on ajoute de l'eau à une certaine température, à 100° F. par exemple. Le résultat du pro-

Produits de l'infusion de farines (Henry Brown).

	FROID	2 HEURES	4 HEURES	8 HEURES
Farine blanche de Vienne.				
Maltose....................	Traces.	2,41	3,65	4,09
Dextrine..................	Traces.	2,17	2,79	4,35
Albuminoïdes solubles........	0,76	0,58	0,76	1.28
	0,76	5,16	7,20	9,72
Fleur de farine.				
Maltose....................	Nul.	1,57	2,04	3,41
Dextrine..................	1,24	1,48	2,74	2,85
Albuminoïdes solubles........	0,71	0,58	0,31	1,54
	1,92	3,63	5,59	7,80
Farine de pain de ménage de première qualité.				
Maltose....................	1,00	1,36	4,09	3,93
Dextrine..................	1,13	2,46	2,09	3,79
Albuminoïdes solubles........	0,93	0,79	1,23	1,42
	3,06	4,61	7,41	9,14

	FROID	2 HEURES	4 HEURES	8 HEURES
Deuxième qualité de ménage n° 1.				
Maltose................	1,36	2,83	4,09	5,39
Dextrine................	0,89	2,34	2,40	3,80
Albuminoïdes solubles....	0,76	0,65	1,29	2,12
	3,01	5,82	7,78	11,81
Deuxième qualité de ménage n° 2.				
Maltose................	1,57	6,01	6,01	7,59
Dextrine................	1,04	0,84	1,21	0,67
Albuminoïdes solubles....	1,05	1,45	1,31	1,89
	3,66	8,30	8,53	10,15
Farine de pain bis.				
Maltose................	»	3,41	3,93	4,99
Dextrine	2,70	0,95	2,09	2,89
Albuminoïdes solubles....	0,62	0,70	1,39	1,33
	3,32	5,06	7,41	9,21

cessus est de déterminer l'altération de certaines farines relativement à d'autres.

Dans ces expériences, on s'est servi de farine blanche de Vienne, de fleur de farine, de farine

FARINE INFÉRIEURE	4 HEURES	8 HEURES	AVEC DE LA CHAUX		FORTEMENT SÉCHÉE	
			4 heures.	8 heures.	4 heures.	8 heures.
Maltose............	6,82	11,14	6,82	8,10	4,44	4,44
Dextrine............	0,43	1,23	0,11	2,29	1,78	2,91
Albuminoïdes solubles.	3,19	3,74	3,34	3,34	2,48	3,29
	10,49	16,11	13,69	13,69	8,70	10,64

pour le pain de ménage de première qualité, de seconde qualité, enfin de farine de pain bis. Après avoir été détrempées dans l'eau pendant quelques minutes, elles furent exposées pendant deux, quatre et même huit heures à une température de 100° F. En consultant le tableau ci-dessus, vous trouverez que, par le simple fait d'être exposées à l'humidité à 100° F., ces diverses qualités de farines révèlent des divergences notables. Pour ce qui regarde la farine blanche de Vienne, le total de substances solubles sera au bout de deux heures de 5,16, au bout de quatre heures 7,2, au bout de huit 9,73, ainsi de suite. Il est inutile de parcourir toute la liste. Le point essentiel est celui-ci.

Vous trouverez de temps en temps de légères divergences; elles proviennent en partie de quelques erreurs dans l'analyse, en partie de différentes méthodes de manipulation, en partie enfin de quelques différences dans la nature des albuminoïdes solubles. Mais, malgré cela, on ne peut manquer de constater une concordance remarquable. Plus vous prolongez l'opération, plus vous altérez, non seulement les albuminoïdes, mais aussi l'amidon, que vous ramenez à l'état de maltose et de dextrine. C'est ce que l'on appelle un phénomène d'hydratation. Pour la farine de pain de ménage de seconde qualité, nous constaterons qu'au bout de huit heures, par exemple, la proportion d'albuminoïdes solubles sera de 1,89. Pour le numéro 1, elle s'est élevée à 2,12, fournissant ainsi un total de 11,13 de substances solubles.

Plus tard, quand nous aborderons l'étude même

de la panification, vous comprendrez l'importance que présentent ces recherches pour le boulanger, quand il s'agit de soumettre les farines de qualités inférieures à un processus prolongé de panification.

J'aborde maintenant un point très important de notre sujet, l'effet produit sur la farine par la dessication dans le four. Je viens de vous indiquer la manière dont l'homme peut se rendre maître de la merveilleuse force de décomposition de la structure moléculaire des substances animales et végétales que possèdent les albuminoïdes. Ceci s'applique tout naturellement au froment, et c'est en cela que consiste, à mon avis, l'influence de la dessication. Premièrement, si nous prenons un blé qui n'a pas atteint sa parfaite maturité, parce que les chaleurs n'étaient pas assez fortes à la dernière période de la maturation, vous m'accorderez, je crois, que la dessication ne peut que leur être utile en faisant mûrir les albuminoïdes. S'agit-il d'un blé presque complètement mûr, mais qui a souffert à cause du mauvais temps au moment de la moisson, ici encore l'élimination de l'humidité aura pour résultat de diminuer les propriétés particulières que possèdent ces corps albuminoïdes de devenir solubles au contact de l'eau. Il est donc évidemment d'une grande importance que le grain au moment où il mûrit soit soumis à l'action de la

chaleur. Il est bien entendu qu'il ne s'agit pas de
la première partie du processus de la maturation
du grain, mais bien de la dernière. Malheureusement, dans un pays comme le nôtre, nous ne pouvons obtenir que bien rarement les excellentes
conditions dont jouissent nos compétiteurs étrangers. Le plus souvent, au contraire, il nous arrive
de subir pendant l'époque de la moisson les conditions climatériques les plus défavorables à la
production de la qualité de froment dont nous
aurions besoin. Dans notre froment, la proportion
d'azote et d'albuminoïdes solubles est très considérable par rapport aux albuminoïdes insolubles.
C'est ce que les boulangers appellent une pauvre
farine; pauvre en gluten et suffisamment riche en
azote, elle est insuffisamment pourvue des composés azotés, si nécessaires dans la panification.

En poursuivant notre étude du tableau, nous
arrivons aux résultats donnés par la farine de
qualité inférieure, qui, elle aussi, a été soumise à
la macération ou à ce que les brasseurs appellent
brassage, c'est-à-dire à l'action de l'humidité et de
la chaleur pendant un temps donné, en premier
lieu quatre heures, ensuite huit. Je ne m'arrêterai
pas à tous les détails, me bornant à vous fournir
le total pour chaque cas. La proportion des substances dissoutes au bout de quatre heures est de
10,49 pour 100. Dans le fait elle aurait été plus

élevée si je m'étais servi d'une méthode plus exacte pour la détermination des corps albuminoïdes solubles; mais, comme il est très difficile de déterminer dans une infusion la quantité précise d'albumen, j'ai eu recours à l'ingénieux procédé connu sous le nom de méthode de Wanklyn et fournissant non le total véritable, mais bien le total relatif. Aussi les chiffres obtenus, tout en étant fort exacts comme chiffres relatifs, sont-ils un peu au-dessous du chiffre absolu. Pourtant on peut considérer 10,49 comme proportion de substances solubles entrant dans les 100 parties. Au bout de huit heures, nous avons déjà 16 pour 100 de parties solubles, et nous allons voir tout à l'heure de quoi est composée cette masse soluble. Mais, pendant que nous étudions ce tableau, laissez-moi attirer votre attention sur le point suivant. Plus d'une personne du métier aura entendu dire que l'on se sert de la chaux pour prévenir une dissolution trop forte des albuminoïdes solubles dans les céréales. Dans la préparation de la bière par exemple, il est très important d'ajouter à l'eau des sels de chaux, surtout du carbonate de chaux et, en quantité moindre, du sulfate de chaux et du sulfate de magnésie, afin de prévenir une dissolution trop rapide des matières albuminoïdes. Je vais essayer de rendre mon explication plus claire pour les dames ici présentes, en citant l'exemple généralement connu de la cuisson des pois dans une eau dure et une eau adoucie. Si vous avez affaire à des pois secs, vous auriez tort de durcir votre eau en y ajoutant du sel de chaux, du gypse ou quelque autre ingrédient du même genre. Vous devez au contraire, pour amollir vos pois, employer de l'eau douce. Mais, si vous cuisez dans cette eau douce des pois frais, elle devient très colorée, à cause de la dissolution du corps albuminoïde appelé légumine. Or, dans le tableau, il est question de chaux commune réduite en poudre, non pas de la chaux caustique, mais bien du carbonate de chaux ; aussi l'action exercée par ce corps au bout de quatre heures n'est-elle pas considérable ; mais au bout de huit heures, au lieu de 16 parties solubles pour 100, nous n'en avons plus que 13,6. Mais nous voici enfin parvenus à la partie intéressante du tableau, celle qui concerne l'action de la dessication dans le four. Pour un auditoire comme celui devant lequel j'ai l'honneur de parler, composé en grande partie de meuniers et de boulangers, il faudrait nécessairement une série bien plus complète d'expériences pour expliquer tout le bénéfice que l'on retire de ce procédé. Ici, je me suis borné aux expériences indispensables pour établir mon argument, c'est-à-dire pour montrer l'action exercée par une température relativement basse, 140° F., à peu près, pour peu qu'elle soit soutenue pendant environ six heures. C'est en même temps l'action combinée de la sécheresse et de la chaleur, les deux à dose modérée. Voici ce que nous constatons en examinant l'effet produit sur le blé ou plutôt sur la farine soumise à cette action. En faisant macérer cette farine dans la même proportion que les autres, avec la même quantité d'eau et à la même température, nous trouverons qu'au bout de quatre heures il n'y aura que 8,7 parties de dissoutes au lieu de 10,49. L'effet sera plus sensible encore si nous prolongeons l'action durant huit heures. Alors, au lieu d'avoir 16,11, comme dans l'expérience précédente de huit heures, nous n'aurons que 10,64. Or, comme total de matières solubles dans 100 parties de farine, ce chiffre 10,64 est, comme vous le voyez, le plus bas sur toute notre liste. Ce procédé est donc bien plus efficace que l'emploi de la chaux, et la différence entre 10,64 et 16,1 est des plus marquées.

Pour ce qui regarde la dessication dans le four, ce n'est pas là naturellement une chose nouvelle, et les hommes du métier connaissent les avantages immenses qu'elle présente, surtout dans une année comme l'année actuelle, où une grande quantité d'orge serait impropre au brassage avant d'avoir été séchée au four. De même, dans les mauvaises années et quand on n'a pas l'avantage d'habiter l'Egypte, mais bien une contrée pluvieuse comme

la nòtre, on sait de source certaine qu'aucun meunier ne pourrait moudre le grain avant qu'il eùt
été non seulement séché en tas, mais encore soumis dans une certaine mesure à l'action des phénomènes caloriques qui se produisent dans la
meule. Le fait est encore plus évident si l'on a
affaire à un blé qui a été négligemment emmagasiné. En le soumettant à un bon assèchement dans
le four, à une température qui ne soit point trop
élevée (mettons 100° F. à peu près, s'élevant lentement à 140°), et en établissant en même temps
un courant d'air, à condition toutefois que l'épais-
seur des carreaux du four ne soit pas trop considérable, on arrivera, selon moi, non certainement
à transformer le froment inférieur en bon froment,
mais à en améliorer beaucoup la qualité.

Avant de quitter ce point, je tiens encore à insister sur le fait que l'assèchement n'a pas eu lieu
cette fois-ci sur les carreaux du four, mais après
que le grain a été réduit en farine. Il est donc
évident que sans parler des froments très secs,
mùris dans des circonstances particulièrement
favorables, en nous en tenant au froment ordinaire
des mauvaises années surtout, il y aurait beaucoup
de cas où l'on pourrait obtenir des profits considérables en soumettant la farine déjà moulue à un
assèchement complet, et cela non seulement à une
basse température, mais aussi à une température

de 100 à 120° F. Il faut en même temps avoir soin d'établir des courants d'air sec afin d'enlever toute humidité.

Passons au stade suivant du processus de la panification, c'est-à-dire à la préparation ou broiement de la farine. Je ne m'arrêterai pas longtemps sur la mouture, et cela pour de bonnes raisons. La première, c'est que le temps nous manque et qu'il nous reste encore beaucoup de points à traiter. La seconde, qui sera, je l'espère, concluante pour les meuniers spécialistes ici présents, c'est ma profonde ignorance sur ces matières. Je préfère donc ne pas m'engager dans les discussions captieuses sur la haute ou basse mouture ou sur l'emploi des cylindres ou des désintégrateurs qui servent au broiement. Je préfère aborder de suite le côté chimique de la question. Théoriquement parlant, que désirons-nous obtenir en transformant le grain en farine propre à la panification? D'abord, il me semble, aucun système de mouture, fût-ce un procédé nouvellement perfectionné ou l'antique méthode immémoriale des meules à pierre encore aujourd'hui universellement usitées, ne saurait atteindre son but, si le germe n'est complètement éliminé du grain. Quoique très inférieur par son poids au poids total du grain, le germe n'en constitue pas moins un facteur important. Il contient des ferments albuminoïdes très actifs, et

par conséquent, écrasé avec le reste de la farine,
il doit en diminuer la valeur pour la panification.

En ma qualité de chimiste, je considère que le
second point essentiel à atteindre dans tout bon
système de mouture, c'est la complète élimination
du son. On doit avoir soin de n'en pas laisser la
moindre parcelle dans la farine, et cela pour une
raison que j'ai déjà indiquée, à cause d'un ferment
albuminoïde soluble appelé céréaline qu'il contient. Ce corps est doué de propriétés diastasiques
très actives. Une infusion de céréaline ou bien une
infusion de son commun fournirait une quantité
de ferments solubles qui attaquerait rapidement
les grains d'amidon et en présence de l'eau l'hy-
draterait en maltose et en dextrine. C'est pourquoi
je considère comme imparfait tout procédé de
mouture soit à meules de pierre, soit à cylindres
ou désintégrateurs, s'il ne remplit ces deux conditions : l'élimination du germe ainsi que celle du
son.

Je n'ignore pas que je m'aventure ici sur un
terrain brûlant ; non que l'opinion des hommes
du métier me soit contraire, mais je me mets en
opposition avec des idées émises par quelques
hommes de science et adoptées par les médecins,
touchant la valeur du son. J'admets parfaitement
que le son constitue un cinquième du total du
grain. Aussi, à un coup d'œil superficiel, l'élimi-

nation de ce corps peut sembler une perte sérieuse.
Il est vrai aussi que, à côté de fibres ligneuses
tout à fait inutiles, le son contient quelques corps
albuminoïdes importants, ainsi qu'une quantité
plus considérable d'acide phosphorique et de potasse qu'on n'en trouve dans les cendres du reste
de la graine. Tout en admettant ces faits, nous
nous refusons à partager l'erreur dans laquelle
sont tombés quelques savants et quelques médecins; ne prenant en considération que les résultats
de l'analyse chimique, ils ont complètement né-
gligé les propriétés indigestes de cette substance
dure et coriace. Pourtant on n'ignore point que de
grandes parcelles de son laissées dans la farine
agissent sur l'estomac comme un irritant et produisent des effets bien connus. Leur action laxative
peut être fort utile aux personnes assujetties à une
vie sédentaire et même préférable aux médica-
ments purgatifs; mais il n'en saurait être de même
en règle générale. On pourrait m'objecter que, au
lieu de se trouver dans la farine à l'état de flocon,
le son devrait être réduit en poudre aussi fine que
la fleur de farine la plus fine, ce qui lui ferait
perdre ses particules irritantes. C'est l'opinion qui
a été soutenue dans cette question si controversée
par les partisans de la valeur nutritive du son;
ils ignoraient probablement qu'en agissant ainsi
ils réduisaient la valeur de la farine de froment

au point de vue de la panification. Pour être con-séquents, ils devraient insister également pour qu'on mêlât de la farine d'avoine ou de la farine d'orge à tout pain fermenté. En broyant le son du froment avec l'enveloppe du grain, vous introdui-sez dans la farine un ferment albuminoïde très actif. Dès que vous employez pour pétrir la pâte de la farine contenant du son, fût-il réduit à l'état de poudre la plus fine, il ne tarde pas à manifester la propriété particulière de tout albuminoïde so-luble de convertir rapidement les molécules de l'amidon en molécules moins simples. Il se forme une grande quantité de sucre de maltose et de dextrine, qui prennent dans le four une teinte mar-quée. Excepté cet inconvénient, l'emploi du son en proportion naturelle en présente encore un autre plus grave : sa présence, même à l'état im-palpable, empêche le pain d'être léger. Il est dans ce cas non seulement coloré, mais encore plus ou moins compacte, et le boulanger doit se donner beaucoup de peine pour atténuer, ne fût-ce qu'en partie, ce désavantage.

Quant à l'importance des parties constituantes du son, il nous semble que le chimiste ainsi que le médecin qui se base sur l'analyse chimique pour affirmer la valeur nutritive du pain bis com-paré au pain blanc et pour nous accuser de perdre de précieux matériaux plastiques pour les chairs et les os, il me semble, dis-je, qu'ils se trompent tous les deux en prenant l'analyse chimique pour base irréfutable de leur théorie. Vous vous rappelez peut-être qu'à notre première conférence j'ai mis sous vos yeux un tableau analytique, indiquant la proportion d'amidon, de dextrine, d'albuminoïdes solubles et insolubles, de substances grasses, de fibres ligneuses, de matières minérales, etc., que contiennent diverses substances végétales. Ce tableau faisait partie d'une série dont je m'étais servi dans mes cours de chimie agricole faits au collège de l'Université, et il avait pour but de déterminer, au point de vue chimique, la valeur nutritive de diverses substances. Nous voyons en le consultant que le foin a une grande valeur nutritive ; que la paille, même celle de l'avoine, en possède une considérable, ce qui du reste n'est ignoré d'aucun fermier. Plus riche encore en éléments caloriques et surtout plastiques est le tourteau de graines de lin, de graines de navette et de graines de coton dépouillées de leur gousse. Par conséquent, ceux qui, en se basant uniquement sur l'analyse chimique, soutiennent l'importance nutritive du son et blâment son élimination de la farine, devraient, pour rester fidèles à leur point de vue, nous inviter à manger du foin, de la paille d'avoine et des tourteaux de graines de lin et de coton. Il est incontestable que ces substances

ont une grande valeur comme aliments nutritifs
pour le bétail, les herbivores ayant la faculté de
les digérer et de les utiliser avec facilité. Il n'en
est pas de même de l'homme, qui mourrait de
faim dans une prairie où une vache et une brebis
ne feraient qu'engraisser. Il en est du son comme
du foin et du tourteau de graines de lin. Selon
moi, le moyen le plus pratique de digérer ces substances alimentaires, c'est encore de recourir à
l'intermédiaire des animaux à sabots, en leur laissant le soin de les transformer en lait, en fromage,
en jambon, en roastbeef et en gigot.

Donc l'adjonction du son finement broyé est
préjudiciable au processus de la fermentation du
pain ; cette intervention d'un ferment albuminoïde
actif, la céréaline du son, suffit pour réduire, au
point de vue de la fermentation, un froment de
qualité supérieure au rang d'un froment de qualité
inférieure. Ceux qui s'obstinent à attacher une
grande importance à l'emploi du son doivent par
conséquent, selon la méthode de Dauglish, se servir de l'acide carbonique ou de l'acide chlorhydrique et du bicarbonate de soude, afin d'éviter
l'action nuisible des albuminoïdes solubles. J'ex-
poserai plus tard la méthode qui me semble propre
pour employer la farine de qualité inférieure dans
le processus ordinaire de panification sans amener
de détérioration, et j'indiquerai en même temps

comment la farine « tout entière » pourrait être
utilisée sans préjudice de la qualité du pain. Quoique je ne sois pas un adepte bien fervent de la
valeur, selon moi si surfaite du son, mes idées
pourront être utilisées par ceux qui le considèrent
comme un aliment très nutritif. Ils pourront le
conserver dans le pain, obtenu par le procédé
ordinaire de fermentation, sans avoir besoin de
recourir au procédé artificiel de préparation du
pain avec l'acide carbonique.

Abordons maintenant une autre question des
plus importantes pour le meunier, celle du mélange des froments. Autrefois, les petits meuniers,
surtout dans certaines parties du pays, étaient bien
obligés de se servir des produits de leur voisinage
immédiat ; mais ceux de nos jours ont à concourir
avec la farine de Hongrie, des Etats-Unis et celle des
autres pays qui envahissent nos marchés. Ils doivent donc résoudre l'important problème d'utiliser
avec profit nos espèces de froment, telles qu'elles
nous viennent annuellement. Heureusement, tout
en étant sous certains rapports inférieur au froment étranger, le nôtre est d'ordinaire si riche en
quelques autres qualités, qu'il est facile d'obtenir,
à l'aide de mélanges judicieux, la farine nécessaire
pour un pain de première qualité. Si même l'époque
de la récolte est désastreuse, on peut encore obvier
au mal dans une certaine mesure par des procédés

ingénieux, par exemple par l'assèchement dans le four et par un habile mélange avec des froments étrangers. Cette farine sera quand même inférieure aux farines d'importation étrangère, pour la fabrication du pain de luxe; mais elle aura toutes les qualités nécessaires pour le pain de ménage ordinaire. Le but que se propose le meunier en mélangeant ainsi les diverses qualités de froment (dix ou douze variétés entrent parfois dans la même farine), c'est de tenir la balance égale entre les albuminoïdes solubles et insolubles, afin d'éviter la présence d'une trop grande quantité des premiers, notre froment étant très riche en albuminoïdes solubles. Tout en recherchant le froment étranger, propre à augmenter le pour cent d'albuminoïdes insolubles par rapport aux solubles, il doit s'efforcer en même temps de ne pas trop réduire la proportion d'amidon. Naturellement, au lieu de consulter le tableau de Péligot qui est là sous nos yeux, il aura recours à son expérience; mais ce tableau va nous apprendre quelles seront les considérations qui vont l'influencer. S'il a affaire au froment anglais, suffisamment riche en amidon, mais contenant malheureusement trop d'albuminoïdes solubles, il le mélangera de préférence avec quelques variétés de froment de Taganrog, de Hongrie et d'Egypte. Celles d'Egypte ont, vous le voyez, 19 pour 100 d'albuminoïdes insolubles et

1 pour 100 de solubles. En les mélangeant avec le beau froment du centre et du midi de l'Espagne et de certaines parties des Etats-Unis, il obtiendra un froment très riche en amidon, plus pauvre en gluten et pas trop riche en albuminoïdes solubles. Ainsi, par un mélange habile de toutes ces variétés de froment, il peut réduire le rapport de ces derniers, de manière à produire le résultat désiré, tout en obtenant une forte proportion d'amidon.

Le meunier a divers moyens de se rendre compte de la qualité du froment. L'une consiste à juger d'après l'apparence, le poids et le caractère général du grain, ce qui lui est facilité par sa longue expérience. Si bon lui semble, il peut en moudre une petite quantité et essayer d'en faire du pain. D'autres fois, il a recours à la méthode suivante : à l'aide de l'eau, il obtient le gluten élastique en éliminant l'amidon. Il y a quelques années, un boulanger français fort habile (M. Bolland), après avoir lavé le gluten, l'introduisit dans un tube en cuivre, à échelle graduée, qu'il plaça dans un four. Le rôle du gluten, en sa qualité de corps élastique, est d'emprisonner l'acide carbonique; donc, à mesure que ce gaz se dégage, il contribue à faire lever la pâte. M. Bolland ne se contenta pas de peser le gluten cru après l'avoir chauffé au four, mais il eut aussi soin de mesurer le degré de son expansion dans le tube.

Outre les méthodes ci-dessus indiquées, il y a bien d'autres moyens encore pour venir en aide au meunier qui désire se rendre compte de la qualité du froment et compléter les indications de l'œil et de la main. L'habileté acquise par l'homme dans ces matières, sans qu'il ait même besoin de recourir à l'appareil chimique, est étonnante. Autant que je le sais, la plupart de ces moyens d'investigation se basent sur la quantité de gluten qui reste après que la pâte a été pétrie avec de l'eau. Il y a une méthode, selon moi, très commode de juger de la qualité de la farine; mais je ne me permets pas d'insister, ne l'ayant pas suffisamment expérimentée. Il ne nous suffit pas de connaître la proportion du gluten, quoique ce soit là certainement un facteur des plus importants, la farine étant d'autant plus substantielle qu'elle en contient davantage. Il nous faut encore connaître la proportion de matières solubles produites durant la macération de la farine dans l'eau, processus qui se fait à une température déterminée, pendant un temps donné. C'est donc la proportion des albuminoïdes solubles, de la maltose, de la dextrine aussi bien que celle du gluten qu'il s'agit de déterminer. Voici une série d'éprouvettes, étiquetées avec soin, réservées chacune à une qualité différente de farine : de la farine blanche de Vienne, de la fleur de farine, de la farine de pain de mé-

nage de première qualité, de seconde qualité, etc.
L'épreuve a lieu de la manière suivante : On pèse
une once de farine qu'on délaye dans quatre onces
d'eau froide. On la laisse détremper ainsi pendant
une heure. Ensuite on la fait passer à travers du
papier à filtre dans une de ces éprouvettes, marquées de lignes à la mesure d'une demi-once et
d'une once. La partie épaisse du résidu filtré peut
être rejetée ; la seconde est transparente. Si vous
avez à examiner six espèces de farine, vous devez
avoir à votre disposition six éprouvettes, dans lesquelles vous ferez passer les macérations respec-
tives à travers un filtre.

Grâce aux tableaux de Péligot et au travail entrepris par M. Brown tout exprès pour ce cours, on
peut déjà se faire une idée approximative de la
force du processus d'altération ou d'hydratation
de ces farines qui a lieu dans un temps donné.
Pour le but de notre épreuve, je préfère placer la
macération au froid, afin de constater quelle est la
quantité d'albuminoïdes solubles déjà formés que
l'eau froide va dissoudre. Peut-être quelques-uns
d'entre vous préféreront-ils faire durer l'épreuve
deux ou quatre heures au lieu d'une ; mais, quelle
que soit la méthode que vous adoptiez, elle devra
consister toujours à comparer un échantillon de
farine avec un autre dans des circonstances iden-
tiques. Mais revenons à l'expérience. Vous ajoutez

un peu d'alcool méthylique, de 80 pour 100 plus fort que l'esprit-de-vin. Si vous versez de l'alcool jusqu'à la seconde ligne et laissez la macération reposer pendant quelque temps, vous observerez que le précipité obtenu sera d'autant plus considérable que la qualité de la farine sera inférieure et d'autant plus faible que la qualité de celle-ci sera supérieure. Pour le moment, nous n'avons devant nous qu'un précipité opaque; mais tout à l'heure il va se déposer un précipité cohérent, floconneux, très visible. Vous pourrez alors, en examinant les six éprouvettes, juger de la nature et de la quantité de matières solubles que l'on obtient en laissant les farines diverses détrempées dans de l'eau froide pendant une heure ou deux.

Me voici enfin parvenu à cette partie de mon cours, que, selon l'opinion de quelques-uns de mes auditeurs, j'aurais dû peut-être aborder depuis longtemps. Mais, si l'on veut bien considérer les phénomènes si complexes et encore si obscurs qui forment la base de l'art du boulanger, on reconnaîtra, je l'espère, que l'étude des propriétés des diverses substances entrant dans la composition du pain, ainsi que celle des phénomènes fort intéressants liés à la formation des produits hydratés durant le processus de la panification, est d'une importance assez grande pour justifier le temps considérable consacré à ces préliminaires indispensables de mon sujet.

Je vais donc aborder ce soir l'analyse de la fabrication même du pain et faire un bref exposé du processus. Je n'ai pas l'intention de m'arrêter longtemps sur cette partie de mon sujet, car, outre les détails techniques de la panification, il nous reste encore beaucoup de matières à traiter. Disons d'abord, pour éviter les malentendus, que dans différentes parties de l'Angleterre les boulangers font usage de procédés très divers, et il est probable que parmi mes auditeurs quelques hommes du métier qui me font l'honneur de suivre mon cours trouveront que sur certains points (points peu nombreux, je l'espère) ma description s'écarte du procédé spécial qu'ils ont adopté. Mais, comme il s'agit d'un cours général, je trouve bon de nous en tenir au procédé employé de préférence à Londres, et principalement dans le West-End de Londres, comme échantillon de l'art du boulanger.

La première partie du processus consiste dans la préparation de ce que les boulangers désignent sous le nom technique de « ferment ». Je devrais commencer par dire qu'un sac de farine pèse 280 lbs, et qu'il fournit selon la qualité de la farine de 90 à 94 pains de 4 lbs chacun ; ainsi un sac de farine représentera pour nous une unité dans l'opération que nous allons traiter. Quant aux boulangers, comme il leur est plus commode de mesurer l'eau que de peser la farine, c'est la première qui d'ordinaire leur sert d'unité. La première partie du processus consiste dans la préparation du ferment. On prend de 6 à 8 lbs de pommes de terre par sac (quelques-uns en prennent jusqu'à 12); les pommes de terre doivent naturellement être de premier choix, farineuses, bien mûres et point gluantes. Après les avoir bien lavées à grande eau, on les fait bouillir afin de rompre les parois de la cellule d'amidon de la pomme de terre. Quand elles sont tout à fait cuites, on verse de l'eau dessus, on écrase les pommes de terre, puis on transvase le tout dans une étuve à fermentation, et, quand la température de l'eau et de la pomme de terre écrasée est descendue à 85° F., on y ajoute de la levure. On met une quarte de levure de bière par sac de farine, et on y adjoint encore une ou deux livres de farine, afin de fournir des aliments albumineux à la levure. C'est là ce qui constitue le « ferment ». La fermentation commence : l'amidon soluble, dont les propriétés ont été décrites ci-dessus, est entamé en partie par l'action directe de la levure, en partie par l'action exercée par le ferment de la levure sur les albuminoïdes solubles de la farine qu'on vient d'ajouter. Le résultat obtenu est l'hydratation de l'amidon et la conversion de celui-ci en sucres et en dextrine, phénomènes sur lesquels nous nous sommes longuement arrêtés. Ce processus dure à peu près cinq heures; il va en progressant, et au bout de ce temps, tout en variant légèrement selon la température, le chapeau retombe. Ceci fait, on laisse la masse en repos pendant deux ou trois heures, après quoi le boulanger procède au stade suivant du processus que l'on appelle la préparation de « la masse spongieuse ». Le mot technique serait « lever l'éponge ». On prend un quart du total de la farine ; — quelquefois un tiers, selon que le boulanger préfère une pâte plus ou moins compacte, — on le met dans le pétrin, et on y ajoute le « ferment » avec plus ou moins d'eau à 85° F. Le ferment a été préalablement passé au tamis, afin d'éliminer les pelures des pommes de terre et d'en prévenir le contact avec la pâte. Les pelures des pommes de terre ainsi que la farine restée sur le tamis sont bien délayées avec de l'eau que l'on y ajoute. Le volume total de l'eau employé dans le stade du « ferment » et dans le « stade spongiaire » que nous venons de décrire, étant presque la moitié du volume voulu par sac de farine, sera de près de 60 quartes, sauf quelques légères variations dépendant de la qualité de la farine. Ainsi donc, jusqu'à ce moment, le stade spongiaire inclus, un quart ou un tiers de la farine et quelque 30 ou 32 quartes d'eau ont déjà été consommés.

J'ai entendu dire que quelques boulangers, parmi ceux qui occupent le premier rang dans le commerce, ajoutent dans ce stade une partie ou même la moitié de tout le sel destiné à l'opération; ceci doit dépendre entièrement de la température, autrement dit de la saison. Ce sel est destiné à restreindre en partie l'activité du ferment; j'aurai occasion de revenir encore sur ce sujet; beaucoup de boulangers critiquent l'emploi du sel pendant ce stade particulier.

La masse spongieuse une fois formée, on la laisse fermenter pendant quelque temps. Au bout d'une heure à peu près, elle augmente visiblement de volume, et cette augmentation de volume, due à la production de l'acide carbonique, provoque au bout de cinq heures une « rupture ». Quand la masse a atteint son maximum de croissance, la masse spongieuse se rompt, parce qu'une partie de l'acide carbonique s'en est échappée; une fois rompue et retombée, la masse spongieuse commence à lever de nouveau, et au bout d'une heure, temps qui varie légèrement selon la température de la saison ou de la pièce, elle lève encore pour se rompre de nouveau. C'est ce qu'on appelle la seconde rupture. Après cette seconde rupture, on ajoute le reste de la farine, c'est-à-dire les trois quarts ou les deux tiers, conformément au procédé qu'emploie le boulanger, ainsi que le reste de l'eau.

Nous voici arrivés à la pâte. Le reste de la farine et de l'eau une fois ajouté, on mélange soigneusement le tout, et c'est à ce moment que la plupart des boulangers mettent leur provision entière de sel. D'autres ne font usage pour ce stade que d'une partie de leur sel, ayant employé l'autre au stade dit « spongiaire ». J'ai constaté que la quantité totale du sel employé est de près de 3 lbs ou 48 onces par sac, ce qui fournirait une demi-once à peu près par pain de 4 lbs. Comme cette partie de l'opération demande un travail musculaire fort pénible, il a été plus d'une fois question d'employer des machines, afin de diminuer le travail mécanique accompli par l'homme. Nous avons tous eu occasion d'examiner à notre dernière réunion un instrument inventé par M. Pheiderer et dont le mécanisme m'a semblé fort ingénieux. La discussion des avantages relatifs à telle ou telle machine ne rentre pas dans mes attributions, et je dois m'en tenir à l'analyse des phénomènes purement chimiques. J'ai entendu pourtant objecter contre la machine en question que, pour être d'une utilité réelle, elle demanderait une autre force que la force manuelle. Mais ceux d'entre vous qui s'intéressent particulièrement à ces matières sont les meilleurs juges dans cette question.

La pâte bien pétrie, on la laisse reposer pendant une heure, pour la faire lever. Ensuite on procède à la pesée, c'est-à-dire qu'on taille la pâte en morceaux qu'on pèse et qu'on façonne en pains. Pendant qu'une fournée est pesée et façonnée, la fournée précédente est naturellement prête pour le four. On l'y place donc pour la faire cuire pendant une heure et demie à peu près; la température du four, au moment où l'on y introduit le pain, oscille d'ordinaire entre 400 et 450° Fahr. Ce n'est point là, certes, la température du pain lui-même; celui-ci contenant de l'eau, sa température s'élève à peine au-dessus de celle de l'eau bouillante, si tant est qu'elle la dépasse.

Le processus que nous venons de décrire comporte certaines modifications. D'abord il y a des boulangers qui emploient tout leur sel dans le stade de la préparation de la pâte; d'autres, au contraire, font usage d'une certaine quantité de sel dans le stade précédent, dit de « l'éponge ». Ensuite, « l'éponge » peut être plus ou moins épaisse, selon que l'on emploie pour sa préparation un tiers de la farine ou un quart seulement. Quelques boulangers se servent aussi de ce que l'on désigne sous le nom de levure patentée au lieu de la levure commune employée par les brasseurs. Voici comment on s'y prend pour préparer une levure patentée : on fait bouillir une infusion de malt avec du houblon, et au moment où elle est refroidie on y ajoute de la levure : c'est ainsi que se forment de jeunes cellules de levure douées d'une grande activité. Ceux qui se servent de cette dernière espèce de levure en mettent, si je ne me trompe, 6 lbs — jusqu'à 7 en hiver — par sac de farine. Encore un point sur lequel il me suffira de m'arrêter un moment : je veux parler de la préparation du pain de luxe, surtout de ces petits pains délicats, introduits depuis quelques années chez nous et qui imitent les pains faits d'abord exclusivement à Vienne, ensuite à Paris. Pour faire fermenter ces pains de luxe, on se sert, non de la levure employée d'ordinaire par les brasseurs, mais de la levure d'Allemagne, et l'ordre du processus adopté serait toujours, si je suis bien informé, de commencer par la préparation du « ferment ». On le fait avec des pommes de terre, de la levure de bière ordinaire seulement au stade « spongiaire »; on ajoute de la levure allemande en quantité considérable, afin de produire une fermentation rapide; c'est ainsi que l'on obtient de grands pains légers et poreux.

Passons maintenant brièvement en revue les modifications chimiques qui naissent dans le cours du processus. D'abord, pour la préparation du ferment, on se sert, comme je l'ai déjà dit, de la pomme de terre ou « fruit », pour nous servir des termes techniques du métier, et cela nullement dans un but de profit ou de falsification. Tout au contraire, le boulanger paye souvent plus cher l'amidon contenu dans la pomme de terre qu'il ne le ferait de l'amidon contenu dans la farine de froment ou dans le riz ; — les céréales qu'il achèterait dans ce but lui revenant à meilleur marché. Voici les raisons de la préférence qu'il accorde à la pomme de terre. Si l'on excepte l'arrowroot de la maranta et l'arrowroot de « tous les mois, » c'est la pomme de terre qui contient le plus d'amidon, et celui-ci cède le plus facilement à l'action expansive provoquée par la chaleur. En éclatant, la substance granuleuse, substance amylacée proprement dite contenue dans les cellules, se répand au dehors de leurs parois rompues, comme je vous l'ai déjà expliqué tout au long ; c'est seulement sur cet amidon réduit à l'état soluble que peut s'exercer l'action des ferments solubles de la levure. Je ne sais au juste de quelle époque date l'emploi de ce procédé ; mais il est un fait bien certain : c'est, que bien avant que la science pût le lui enseigner, le boulanger avait découvert le moyen, en se servant d'une certaine quantité de pommes de terre, de développer les organismes fermentateurs nécessaires pour transformer un sac de 280 lbs de farine en pain. Or 8 lbs de

pommes de terre contiennent au plus un cinquième de leur poids d'amidon, quantité fort peu
considérable par rapport à 280 lbs de farine ; il
doit donc y avoir pour l'employer une autre raison
que le désir de substituer un produit bon marché
à un produit cher. Cette raison, la voici : l'amidon
de la pomme de terre contribue à une plus rapide
propagation de l'action de la levure et permet au
boulanger d'obtenir, dans un espace donné de
temps, une quantité plus considérable de sucres
et de dextrine que s'il employait la farine seule.
Parfois aussi, les boulangers font échauder un peu
de farine, afin d'obtenir de cette manière un peu
d'amidon soluble à ajouter à celui que fournit la
pomme de terre. Pendant la préparation du « ferment », dont la durée est de huit heures, il se
produit un phénomène continu sur lequel j'ai
appelé votre attention dans la dernière séance, en
vous indiquant, d'après l'analyse de. M. Henri
Brown, qu'en présence de l'humidité, à 100°, quelquefois à 85°, les albuminoïdes solubles s'altèrent
graduellement, deviennent de moins en moins
complexes et par conséquent de plus en plus instables. Ce phénomène a pour résultat de convertir
l'amidon soluble en produits plus hydratés, en
maltose et en dextrine, dont nous nous sommes
occupés dans notre dernière leçon.

L'action du ferment étant augmentée par l'addition de la pomme de terre et d'une petite quantité de farine, le stade suivant sera celui de la préparation de « la masse spongieuse ». Ici, le boulanger ajoute à son gré soit un tiers, soit un quart de sa farine, et, cela va sans dire, de l'eau ; le tout est bien mélangé, et la fermentation suit son cours ; son action s'exerce en partie sur les sucres déjà produits dans le premier stade, en partie aussi (d'une manière très considérable dans les farines inférieures) sur les albuminoïdes et l'amidon de la farine ajoutée au moment où la masse spongieuse levait.

J'appellerai volontiers le troisième stade, en langage chimique, stade inerte. Non qu'il ne s'y produise aucune modification ; mais, comparé à l'activité chimique très caractérisée du stade de la fermentation, ainsi qu'à la puissante énergie fermentative qui se manifeste dans la stade spongiaire, le stade de pâte peut être à bon droit appelé stade inerte, du moment bien entendu où la pâte est devenue compacte et épaisse et où l'addition du sel a arrêté toute évolution ultérieure. Le but désormais n'est plus de provoquer l'altération des albuminoïdes, ni le dédoublement de l'amidon complexe en groupe moléculaire plus simple. La quantité de sucre produite suffit amplement pour les besoins du stade auquel nous sommes parvenus. On n'accorde qu'une heure à l'achèvement de la fermentation, après quoi on met la pâte dans le four, afin de couper court à l'action fermentative; mais tout naturellement, avant que ceci ait lieu, la température agit sur les globules de l'acide carbonique; sous l'action de la chaleur, ils se dilatent et, grâce à la propriété d'élasticité résistante du gluten, font lever la pâte.

Le point essentiel pour le boulanger dans le processus de la panification est d'obtenir une aération parfaite du pain, c'est-à-dire qu'il soit léger et que les jours y soient petits mais nombreux, car c'est là ce qui constitue un pain poreux en même temps que tassé. Le boulanger poursuit encore un autre but, c'est que la panification et la cuisson donnent aussi peu de produits colorés que possible, et cela probablement parce que les farines de qualités inférieures, développant en général beaucoup de produits colorés, le public considère un pain coloré comme provenant de farine inférieure. Mais à cela encore ne se bornent pas les désidérata du boulanger, car il voudrait obtenir en même temps un pain de bonne odeur et dont le goût soit agréable au palais.

L'usage du sel fut une des plus importantes découvertes du boulanger, étranger à la science. C'est de longue date qu'il en comprit la portée, alors que la science était tout à fait incapable de la lui révéler. Dans un cours fort intéressant fait il y a quelques années, M. Callard, boulanger, jouissant d'un grand renom, compara ingénieusement le sel à la bride et la levure au fouet, parce que l'une sert de frein à l'autre et parce que, par l'emploi judicieux du sel à différents stades, on peut diriger et enrayer le phénomène de la fermentation.

Abordons à présent une question qui s'est déjà. peut-être présentée à l'esprit de plus d'un d'entre vous: Quelle est la cause de la fermentation? Qu'est-ce qui produit ce développement d'acide carbonique et cette formation d'alcool que l'on constate toujours dans le phénomène de la fermentation du pain? Je n'ai pas l'intention de vous retenir longtemps sur un sujet qui pourtant, depuis des années, excite l'intérêt le plus vif parmi les savants; mais, comme c'est là un point qui touche à une des branches les plus importantes de la science, il serait utile, je crois, de vous résumer brièvement les hypothèses diverses émises à ce sujet et de vous exposer l'état actuel de nos connaissances.

La première théorie philosophique sur la fermentation alcoolique nous a été donnée par Stahl et Willis. Selon eux, la fermentation alcoolique est produite par une impulsion particulière imprimée par un corps en voie de décomposition à un autre corps se trouvant dans son voisinage immédiat; en vertu de cette impulsion, la structure complexe de ce dernier se décompose à son tour en corps de plus en plus simples. Cette hypothèse d'un corps doué d'un certain mode particulier de vibration qu'il communique à un autre corps voisin n'est certainement pas dénuée de caractère philosophique. Si nous prenons un fer rouge, un *poker* par exemple, et que nous le suspendions à l'aide d'un cordon au milieu de cette chambre, de manière que son bout pointu soit dirigé vers le côté nord de la pièce, et si, pendant un certain temps, nous appliquons sur ce *poker* de légers coups de marteau (à la rigueur, on peut se servir d'un morceau de bois), nous ne tarderons pas à voir le *poker* révéler certaines propriétés qu'il n'avait pas manifestées auparavant. Le même phénomène se produirait dans toute autre pièce à Londres ou en Angleterre : le bout pointu se dirigerait vers le côté nord de la chambre, alors même qu'on le laisserait flotter librement. La mesure dans laquelle les pincettes manifesteraient cette propriété particulière dépendrait de la quantité des coups, ainsi que d'autres conditions observées par l'expérimentateur, mais pendant un certain temps elles conserveraient cette tendance à indiquer le nord et le midi.

Or, en frappant ainsi sur les pincettes, nous provoquons toute une série de vibrations, dont l'effet sur les pincettes ne serait point appréciable dans les circonstances ordinaires ; mais, par le fait que nous plaçons ces pincettes à angle droit de la rotation diurne de la terre, nous forçons ces vibrations à prendre une direction particulière, ce que l'on appelle une direction polaire, en sorte que les vibrations se meuvent autour de l'axe des pincettes et que pendant quelque temps celles-ci jouissent des propriétés d'une aiguille aimantée. Prenons un autre exemple, celui des vibrations d'un verre et d'une corde de violon. Je puis, en faisant vibrer la corde de l'instrument, en obtenir un son donné, et ce même son je puis le faire reproduire par le verre, pourvu bien entendu que j'en possède la clef. Il existe certainement beaucoup d'autres exemples que vous pourrez trouver vous-même à l'appui de l'hypothèse de Stahl et de Willis. Liebig et quelques autres savants s'emparèrent de cette idée et lui donnèrent un développement considérable. Liebig prétendit que cette vibration ou impulsion d'un genre particulier n'était qu'un phénomène d'oxydation, le produit de l'oxydation de corps albuminoïdes complexes ; que c'est par cette oxydation d'albuminoïdes que s'explique la fermentation alcoolique des molécules saccharines et par conséquent la décomposition des sucres en alcool et en acide carbonique ou encore, à une température plus haute, en acide

lactique et en acide acétique. De nos jours, l'hypothèse de Stahl et de Willis pourrait servir à inter-
préter le phénomène de l'hydratation de l'amidon ;
mais, quant à la fermentation alcoolique, elle est
impuissante à l'expliquer. Chose étrange à dire,
cette théorie était soutenue tout récemment encore, tandis que dès 1680 un Hollandais nommé
Leuwenhoeck avait avancé que la levure consis-
tait en menus globules. La chose avait été oubliée
depuis, car les microscopes de ce temps-là n'étaient
pas d'une grande puissance ; mais, dans l'année 1837, Cagnard de La Tour et Schwann,
appuyés par Kützig, démontrèrent clairement que
la levure était bien réellement un organisme cel-
lulaire. Mais c'est à Pasteur qu'appartient l'honneur d'avoir le mieux exploré cette partie du
domaine scientifique ; les travaux de ce savant,
qui embrassent toute une longue période de sa
vie et qu'il poursuivit souvent au préjudice de sa
santé et surtout de sa vue, nous ont livré la clef
de la véritable nature de la fermentation alcoolique, ainsi que de beaucoup d'autres phénomènes
de fermentation. Le problème de l'origine des ferments a été en grande partie résolu par Pasteur.
Si l'on prend du raisin du midi de l'Europe bien
mûr, on le verra couvert de ce qu'on appelle la
fleur du raisin. Cette fleur consiste en partie en
organismes minuscules, en partie en poussière,

attachés à la peau du raisin. Or Pasteur a démontré que c'était cette poussière adhérente à la superficie du raisin qui provoque la fermentation dans le jus que l'on exprime du fruit. Le temps me manque pour m'arrêter longuement sur ses recherches; qu'il me suffise de vous dire qu'il avait soin dans ses expériences de se servir du jus puisé dans la partie interne du fruit et n'ayant eu aucun contact avec ce duvet qui en couvre la partie externe. Voici ce qu'il constata : Si l'on déposait le jus ainsi recueilli dans de petits tubes préalablement chauffés de manière à y détruire tout vestige de poussière organique quelconque et si on empêchait toute poussière de ce genre d'y pénétrer ensuite, le phénomène de fermentation n'avait pas lieu. D'autre part, s'il prenait une parcelle de la poussière adhérente à la peau du raisin et s'il l'ajoutait au jus puisé dans la partie interne du fruit, il ne tardait pas à obtenir une fermentation vineuse. Le jus se convertissait en vin au moyen de la fermentation alcoolique. Non seulement le raisin porte sur sa peau ce ferment microscopique, mais généralement la poussière de l'air contient les spores de divers ferments et les ferments eux-mêmes, capables d'engendrer la fermentation alcoolique, butyrique, visqueuse ou toute autre espèce de fermentation. Il y a peu de temps encore, on avait coutume en Angleterre, et notamment dans le Dorsetshire, de laisser le moût de bière faite avec du malt fermenter spontanément, et aujourd'hui encore, si vous allez à Bruxelles, vous verrez que la bière si fameuse en Belgique sous le nom de Lambic et Faro, est produite par la fermentation spontanée. On dépose la moût de bière dans de grands tonneaux où la fermentation est engendrée par la poussière atmosphérique qui y pénètre par de larges trous. L'ancien procédé de fabriquer le pain avec du levain était aussi livré au hasard, car on ne savait jamais quel résultat on allait obtenir. Aussi ce pain, on le sait bien, n'était-il pas un pain des plus savoureux, et ceux qui ont eu le malheur de boire la bière Lambic et Faro savent par leur propre expérience combien elle est aigre et désagréable.

J'ai déjà dit que le vieux levain contient des organismes alcooliques. Ceux-ci ont été l'objet de l'examen le plus minutieux de la part d'Engel, qui les a désignés sous le nom de *Saccharomyces minor*, parce qu'ils sont plus petits que la levure de bière ordinaire, surnommée *Saccharomyces cerevisiæ*. Ces noms semblent bien un peu longs pour les organismes aussi microscopiques! Je ne puis pourtant me servir de termes plus simples, dans la crainte d'une confusion. Les *Saccharomyces minor*, découverts par Engel dans le levain, représentent 3/10 000 d'un pouce de diamètre. C'est un organisme alcoolique qui, de même que la levûre ordinaire de bière, produit de l'alcool et de l'acide carbonique; mais le pour cent de l'un et l'autre nous est encore inconnu. A côté de ces organismes, on trouve dans le levain la levûre de bière commune et un grand nombre d'organismes en décomposition, produisant les acides lactique, acétique, butyrique, ainsi que des organismes visqueux. Le processus du levain étant abandonné à toutes les chances du hasard, il est naturel qu'il soit le siège de nombreux phénomènes de décomposition. Le pain à fermentation spontanée (tel par exemple le pain au levain) et la bière de Belgique ouvrent donc la porte à tous les hasards.

La poussière atmosphérique contient des organismes de divers genres. Ainsi, au bout d'un temps très court, un morceau de pain humide sera recouvert de moisissure; il en sera de même de nos chaussures placées dans un endroit humide, et ces moisissures se composeront d'organismes très différents, dont chacun est nettement défini et désigné sous un nom particulier. L'un est le *Penicillium glaucum*, un autre l'*Aspergillus*, et d'autres encore sont les espèces différentes du *Mucor*. Tous ils convertissent l'amidon en acide carbonique et en eau, à condition pourtant de se développer à l'air; une fois immergés dans un liquide saccharin, ils ne reçoivent plus de l'atmosphère l'oxygène qui leur est indispensable pour convertir l'amidon en acide carbonique et en eau ; ils sont privés de leur oxygène, ou tout au moins ont-ils absorbé bien vite la dose d'air dissoute dans le liquide saccharin, en sorte qu'ils sont obligés de demander de l'oxygène à la décomposition du sucre lui-même. En enlevant l'oxygène à la décomposition du sucre, ils convertissent le reste en acide carbonique et en alcool.

Prenons le générateur ordinaire de la bière, appelé par les savants *Mycoderma cerevisiæ*, organisme qui convertit la bière en acide carbonique et en eau ; si nous le plongeons dans une solution toute fraîche de malt d'orge, nous verrons s'y produire une lente fermentation alcoolique avec formation d'acide carbonique et d'alcool. Les mêmes phénomènes ont lieu dans d'autres organismes cellulaires, non seulement du genre de ceux que je viens de mentionner, mais encore dans les cellules de l'orge ou du froment en voie de bourgeonnement ainsi que dans les cellules de la pomme. Si l'on place dans une bouteille un échantillon d'orge qui germe et qu'on retire au bout d'une semaine le bouchon, l'acide carbonique s'en échappera avec force et il se dégagera en même temps une forte odeur d'alcool mêlée à d'autres éthers. Les mêmes phénomènes se produisent dans les fruits en voie de décomposition spontanée. Il existe pourtant une différence entre l'action des cellules des organismes végétaux et celles des cellules de la levure qui ont été ce soir l'objet de notre étude : les premières ne sont pas capables de se reproduire, de croître ; elles meurent au contraire, en sorte que le degré de fermentation alcoolique développé par les cellules de l'orge germée et par celles des fruits est comparativement limité.

Les conditions requises pour le développement vigoureux de la levure et pour son action puissante sont celles-ci : d'abord une certaine quantité d'air est indispensable. Je viens d'exposer que l'organisme plongé dans un liquide saccharin tirera de la décomposition du sucre l'oxygène dont il a besoin. Mais aussi, quand il s'agit d'un organisme immergé dans ces conditions, si la dose de l'alcool produite est grande relativement au rapport de son poids, comparé au poids total de la levure produite, la quantité du travail absolu qui aura été accompli sera comparativement minime ; tandis qu'en aérant jusqu'à un certain point le liquide ou en se servant d'organismes qui ont été préalablement exposés à l'air, on obtient une action bien plus considérable.

Le point suivant important est la présence d'albuminoïdes solubles. Pasteur a démontré, il est vrai, que la levure a la propriété d'attaquer les sels ammoniacaux et de les convertir en composés protéiques qui lui sont analogues. Ceci est parfaitement exact. Mais il ne faut pas perdre de vue que nous traitons ici plutôt le côté technique du sujet, et qu'à ce point de vue la présence des albuminoïdes est nécessaire à la fermentation active soit du pain, soit de la bière.

Le point essentiel qui vient ensuite est la présence des sucres. Ils sont nécessaires, car la décomposition qu'ils subissent produit de l'acide carbonique et de l'alcool, et aussi parce qu'ils fournissent à l'organisme de la levure en voie de croissance un élément pour la formation de cellules nouvelles, la cellulose, qui est un produit de la décomposition des sucres. Les 9/10 du poids de la levure ordinaire bien sèche se trouvent être composés de substances albuminoïdes, le reste étant le produit des sucres.

Nous avons vu que la poussière contient les spores d'un grand nombre d'organismes. Aussi est-il nécessaire que le boulanger, avant de se servir de ces ferments obtenus par exemple de la bière, se rende compte si la levure à laquelle il a affaire contient les organismes alcooliques particuliers dont il a besoin, ou si elle ne contient pas une grande quantité d'autres organismes qui produisent de l'acidité ou autrement dit des phénomènes de décomposition complètement défavorables à la panification. Voici la reproduction sur ce tableau de la levure employée par les brasseurs anglais; les cellules en sont sphéroïdales. Voici à présent la levure Burton à cellules ovoïdes; cette autre est la levure commune, qui, la fermentation une fois achevée, est restée un temps considérable dans un liquide. Ce liquide, dont la force est épuisée, ne constitue plus un milieu propre à la croissance et à la propagation ultérieure des corps organiques ; aussi voyons-nous des granulations distinctes se former sur ces corps. La présence de ces granulations peut, il est vrai, être observée dans les jeunes cellules actives de la levure; mais elle y sont bien moins distinctes que dans les vieilles cellules dégénérées, dont le protoplasma a été usé dans la lutte pour l'existence. Je mets à la disposition de ceux d'entre vous, placés trop loin pour saisir les détails du tableau, ces diverses préparations; en les examinant au microscope, vous pourrez vous rendre compte de la structure morphologique de ces divers organismes, dont les uns provoquent une fermentation alcoolique saine, tandis que les autres sont la cause des fermentations lactique, acétique, butyrique et visqueuse.

Dans les circonstances ordinaires, le ferment de la levure opère la conversion de 100 parties de sucre en 51 parties d'alcool, 49 parties d'acide carbonique et 5 parties de glycérine, d'acide succi-

nique et autres produits. L'organisme visqueux
convertit 100 parties de sucre en 51 parties d'un
corps visqueux et gommeux tout particulier, appelé mannite, en 45 parties de gomme et 6 d'acide
carbonique. Cet organisme visqueux a aussi la propriété de convertir les liquides saccharins en une
masse épaisse, huileuse, en sorte qu'il arrive
quelquefois au brasseur, dont la bière avait été
tout à fait limpide et claire, de la voir tout d'un
coup se troubler et mousser comme la mélasse.
Le boulanger qui se sert d'une levure ainsi dété-
riorée doit s'attendre aussi que les substances saccharines élaborées pendant le processus précédant
la panification deviennent le siège des phénomènes analogues.

Si vous plongez dans un liquide saccharin un
de ces organismes bizarres, moisissures ou mucor,
vous les verrez former des cellules séparées et enfin se rompre; tous ils se comportent à peu près
de la même manière, tout en manifestant moins
d'énergie que la levure commune dont se servent
les brasseurs anglais. Nous n'avons pas ici la reproduction de la levure d'Allemagne, mais elle
ressemble beaucoup à celle de Burton et a le même
caractère ovoïdal. Vous en verrez un échantillon
sous le microscope.

Les boulangers de Londres prétendent, à ce
qu'on m'a dit, que la levure de certaines brasse-

ries est bien supérieure à celle que l'on obtient dans d'autres. J'ai même appris que beaucoup d'entre eux vont chercher hors de Londres, dans des brasseries qui s'en tiennent aux vieilles traditions, le genre de levure dont ils ont besoin. Cela tient probablement au procédé particulier de fermentation adopté dans ces brasseries. On s'en tient encore là au système dépuratif, comme on l'appelle en termes techniques, au lieu du système d'écumage. — Pourtant, en appliquant soigneusement ce dernier avec l'aide du microscope, on peut obtenir une levûre aussi pure que par le procédé dit « épuratif », quand la fermentation est commencée et qu'elle suit sa marche jusqu'à un certain stade (la moitié à peu près), dans de grands appareils ; après quoi le liquide est transvasé dans des tonneaux plus petits, où la fermentation continue, la levûre se frayant un passage par le trou de la bonde. A Burton, on se sert de petits appareils réunis. La levure de l'ale amère n'est pas aussi bonne pour la panification que celle de l'ale douce, probablement parce qu'on emploie beaucoup de houblon dans la fabrication de la première et que l'acide tannique du houblon réuni à l'huile entrave l'action de la levure. Par conséquent, la levure que l'on obtient d'une ale contenant une forte dose de houblon est bien moins recherchée par le boulanger que celle fournie par l'ale moins riche en houblon.

J'ai parlé de la levure patentée; on est un peu étonné de trouver le houblon adopté dans sa fabrication. J'ai entendu, il est vrai, affirmer plus d'une fois que, si l'on ne mettait pas de houblon dans le malt, la levure ne pourrait se former, et que, si même on ajoutait de la levure à une infusion de malt préparée sans houblon, il n'y aurait pas formation de levure. Cette affirmation est tout à fait erronée. Il y a à peine trois siècles que le houblon a été introduit pour la première fois en Angleterre. Le vieux pale-ale anglais était donc fait sans houblon. Le but dans lequel on emploie celui-ci, c'est d'aider aux propriétés conservatrices de la levure, en empêchant une décomposition trop rapide.

De nos jours, la levure d'Allemagne est d'un usage général en Angleterre. Au lieu de monter à la surface de la bière, comme le fait la nôtre, cette levure a la propriété de se déposer au fond ; ce genre de fermentation est appelé « fermentation du fond » et l'autre « fermentation de la surface »; mais entre les deux il n'y a aucune différence essentielle quant à leur action chimique. Toutes les deux ont pour résultat la conversion des matières saccharines en acide carbonique et en alcool, et cela à proportions égales. Si l'on consulte les registres de commerce, on trouve qu'en 1876 nous avons importé de la levure pour la somme de

406 000 livres sterling, en 1877 pour 437 000 et en 1878 pour 468 000 livres sterling, et ce chiffre semble augmenter toujours. Si j'ajoute à cela que la levure dont les brasseurs se servent dans certaines parties de l'Angleterre est une véritable drogue et qu'on ne l'écoule pas suffisamment, il est clair qu'il nous faudrait trouver un moyen d'améliorer notre levure anglaise en vue des besoins de la panification, au lieu de la gaspiller et d'en faire venir une autre d'Allemagne. Rien n'est plus facile d'ailleurs que d'obtenir de notre levure anglaise, formée à la superficie, les mêmes qualités de développement rapide et d'action énergique que possède la levure d'Allemagne jointe à l'action lente propre à la levure commune employée par les brasseurs.

Une bonne farine et une bonne levure, maniées par un habile boulanger, nous donneront naturellement un bon pain. Mais en somme, en me demandant de faire un cours sur la chimie de la panification, le Conseil de la Society of Arts n'avait pas en vue uniquement le quartier West-End de Londres. La sollicitude d'une Société comme la nôtre ne saurait se borner à un point limité de Londres; elle s'étend sur toute l'Angleterre. Or, comme je l'ai déjà indiqué en passant, il ne faut pas perdre de vue que nous avons trop souvent de mauvaises récoltes et par conséquent des farines de mauvaise qualité; ensuite, beaucoup de boulangers de province — peut-être ne faut-il pas aller les chercher si loin — auraient besoin qu'on les aidât à comprendre les phénomènes si complexes qui servent de base à leur profession. Si vous voulez bien vous le rappeler, je vous ai indiqué brièvement que le caractère particulier de notre froment dans les mauvaises récoltes ne consiste point dans un déficit du pour cent total des albuminoïdes, mais bien dans un moindre pour cent du gluten compact et élastique si nécessaire à la fabrication du pain. J'ai dit alors qu'on aurait pu peut-être porter remède au mal par la dessiccation partielle du froment dans le four et en faisant ensuite sécher la farine de manière à la préserver de l'altération qu'y provoque souvent l'humidité.

Vous avez vu que, dans le processus de la fermentation dont je vous ai fait une brève esquisse, au stade spongiaire on laisse une quantité considérable de farine sous l'action des phénomènes de décomposition provoqués par la levure au sein des albuminoïdes solubles; il est évident qu'on ne devrait pas soumettre des farines de qualité inférieure à un semblable procédé de panification, et cela pour deux raisons. D'abord le pain manque dans ces cas de la substance résistante qui lui est nécessaire; en outre, on obtient dans la fermentation une forte quantité de produits colorés. Si l'on veut bien consulter le tableau suivant, montrant l'action exercée par une haute température sur les albuminoïdes du froment, on trouvera que le malt soumis à une dessiccation dans le four, dont la température est certainement inférieure à celle du four à cuire, donne 7,8 pour 100 de produits de torréfaction. Ceux-ci sont formés dans une large mesure par la destruction des matières albumineuses, en partie aussi par l'action de la chaleur sur les matières saccharines. A une température plus élevée encore, dans ce que l'on appelle le malt soumis à une forte dessiccation, nous n'aurons pas moins de 14 pour 100 de produits de torréfaction. Mais ces produits colorés sont presque uniquement le résultat de l'action de la chaleur sur la constitution altérée des substances albuminoïdes et sur la dextrine et la maltose qui s'y sont formées. Il est donc de toute évidence qu'on ne devrait pas employer le froment inférieur dans le processus de la panification. C'est la conclusion à laquelle est arrivé il y a quelques années le docteur Dauglish; il a exposé toute une théorie qui permettait d'employer le froment de qualité inférieure en faisant usage de l'acide carbonique, produit par des procédés tout autres que l'action de la levure sur la farine. Naturellement, les goûts diffèrent. Je ne sais si beaucoup d'entre vous aiment le pain aéré. Quant à moi personnellement, je ne l'aime guère. A mon avis, il manque de cette saveur agréable que l'on obtient par le processus de fermentation. Ceux qui s'accommodent du pain aéré peuvent certainement se servir, en employant certains procédés, de farines inférieures; mais si l'on veut conserver au pain cette saveur particulière, résultant de la fermentation, on a à résoudre le problème d'obtenir de l'acide carbonique qui se développe dans le processus ordinaire de fermentation, tout en évitant d'obtenir ces produits fortement colorés qui ne manquent jamais de se former pendant la fermentation des farines de qualité inférieure.

Composition de l'orge et du malt. (Oudemans.)

	ORGE	MALT		
	SÉCHÉE A L'AIR	SÉCHÉ A L'AIR	SÉCHÉ AU FOUR	SÉCHÉ AU FOUR
			Moyenne.	Élevée.
Amidon.............	67,0	58,1	58,6	47,6
Dextrine...........	5,6	8,0	6,6	10,2
Sucre.............	0,0	0,5	0,7	0,9
Cellulose..........	9,6	14,4	10,8	11,5
Substances albumineuses...........	12,1	13,6	10,4	10,5
Substances grasses...	2,6	2,2	2,4	2,6
Cendres, etc.........	3,1	3,3	2,7	2,7
Produits de torréfaction.............	0,0	0,0	7,8	14,0

Il me semble que nous pourrions obvier à cette

difficulté en ne laissant pas les farines de ce genre subir l'action des albuminoïdes de la levure, c'est-à-dire en ne nous servant dans la préparation du « ferment » que de pommes de terre et de farine de première qualité. J'aurais aussi voulu suggérer, à titre d'essai, l'emploi du sucre appelé dextrose, mélangé à la pomme de terre ; on pourrait encore essayer d'employer au lieu des pommes de terre de l'amidon de la pomme de terre, que l'on apporte en si grande quantité d'Amérique et d'ailleurs et qui reviendrait à 21 shilling par cwt. Mais la modification la plus importante à introduire au second stade serait de ne se servir, pour ce stade appelé par le boulanger « spongiaire » et dont la fermentation dure huit heures, que d'un quart de toute la farine, de ne pas permettre surtout que la farine employée dans ce stade soit de qualité inférieure, susceptible par conséquent de cette altéraiton préjudiciable, dont le résultat est de nous fournir un pain déformé et très coloré. Il me semble qu'on ne devrait se servir dans cette phase du processus, que d'une farine faite avec un froment bien mûr ; c'est seulement quand on est parvenu au stade comparativement inerte, dont la durée est très brève, quand on n'a plus à faire qu'à un faible pour cent d'eau, que l'on peut se permettre d'employer la farine de qualité inférieure si l'on est absolument obligé de s'en servir.

La méthode que je viens proposer me semble devoir améliorer non seulement l'aspect du pain, mais aussi ses propriétés digestives, car il est certain qu'un pain lourd, compact, ne se prête point facilement aux phases subséquentes de la fermentation que nous allons aborder à présent.

Voici enfin notre pain mis dans le four; il doit y rester près d'une heure et demie. Pendant ce temps, je proposerai d'abord d'étudier un peu le four lui-même, pour nous occuper ensuite d'une partie du sujet qui rentre le plus dans mon domaine, — j'entends parler des modifications chimiques opérées dans le pain par l'action de la chaleur. Dans le four ordinaire du bon vieux temps, que l'on retrouve encore quelquefois dans les pays étrangers, la chaleur était produite par la combustion du bois dans le four, c'est-à-dire dans la partie où l'on plaçait ensuite le pain. Quand la combustion du bois avait communiqué aux parois du four une chaleur suffisante, on en retirait les cendres et on y plaçait le pain.

Outre les inconvénients de ce système, à peine avons-nous besoin d'insister sur ce qu'il aurait de coûteux pour une contrée comme l'Angleterre. Aussi y a-t-il longtemps que l'on fait usage, pour chauffer les fours à pain, de charbon de terre, en ayant soin de le placer dans des fourneaux extérieurs. Les boulangers de Vienne passent depuis longtemps, et à bon droit, pour les meilleurs de l'Europe, et depuis quelques années ceux de Paris ont beaucoup appris d'eux; or il y a longtemps que le boulanger de Vienne a découvert que, par l'action qu'elle exerce sur la surface humide du pain, la vapeur a la propriété, à une température fort élevée du four, de convertir en dextrine les substances amylacées de la surface du pain humecté d'eau. Autrement dit, il a trouvé le moyen, par l'action combinée de la chaleur et de l'humidité, de convertir l'amidon en dextrine, à peu près de la même manière que l'on prépare la dextrine pour les dessins sur calicot ou pour les timbres-poste. Voici comment s'y prend le boulanger viennois pour obtenir de la vapeur. La première fournée consiste d'ordinaire en pain de ménage, de qualité tant soit peu inférieure; par conséquent, le four se remplira pendant sa cuisson de la vapeur humide dégagée par ce pain. Quand ensuite on y place les petits pains, dont la surface a été humectée d'eau, la vapeur produite par la première fournée ne tarde pas à y déposer un beau vernis doré. Depuis peu, les boulangers de Paris ont introduit l'usage de chaudières à vapeur, lesquelles, agissant sous une faible pression, injectent la vapeur dans le four même. Quoique les fours de ce genre ne soient pas encore très répandus, on en trouve déjà dans certaines parties de

Londres. Voici le dessin d'un four de ce genre,
qui nous fera mieux comprendre comment les
choses s'y passent. Le dessin du milieu représente
le devant du four avec une ouverture pour y introduire le pain et une autre en dessous pour chauffer les petits et les grands pains avant qu'ils soient
placés dans le four. De ce côté est la chaudière
avec le jaugeur à vapeur. Vous voyez sur le dessin
ces deux lignes d'intersection AB et CD. Le dessin
à gauche de la section AB représente l'intérieur
du four. La porte est entr'ouverte, et voici à côté
le tuyau avec ses petits trous destinés à faire pénétrer la vapeur dans le four. Vous remarquerez
que le carreau du four n'est point horizontal, mais
qu'il s'élève légèrement en pente, et cela dans le
but de ne pas laisser fuir la vapeur quand la porte
est entr'ouverte. La vapeur chauffée est plus légère
que l'air ; aussi, comme le carreau du four présente une légère déclivité, la vapeur y reste en-
fermée, tandis que, s'il est horizontal, la vapeur
s'échappe en quantité considérable chaque fois
que l'on ouvre ou que l'on ferme la porte. L'autre
dessin représente une section sur la ligne CD, indiquant au moyen d'une porte mobile le procédé
par lequel on envoie dans le four, pour en réchauf-
fer les parois de pierre, la flamme des fourneaux.
Dès que la température du four a atteint 400 ou
450° F., on le ferme. Dans les boulangeries de

8.

MM. Bonthron, de Regent Street, et Carl Fleck, de Brompton Road, on a adopté le système de deux fours placés côte à côte, afin d'économiser autant que possible le combustible. Je n'ai pas eu occasion d'examiner d'autres fours; mais je sais que plusieurs boulangers de Londres ont adopté le système d'injection, introduit pour la première fois dans la pratique par leurs confrères de Vienne.

Outre ce système de chauffage des fours avec le charbon, la vapeur est encore utilisée dans d'autres opérations du même genre. Le pain de Neville, dont le débit est si considérable à Londres, serait aussi, d'après ce que j'ai entendu dire, cuit au moyen de la vapeur à haute température. Ce pain est trop connu de mon auditoire pour que j'aie besoin de m'arrêter à son sujet.

Passons maintenant à l'examen des modifications chimiques qui se produisent quand le pain est introduit dans le four. D'abord la partie inférieure du pain, touchant directement les carreaux surchauffés du four, s'échauffe très vite, aussi bien d'ailleurs que la partie supérieure et les côtés qui reçoivent la radiation de la voûte et des parois du four. On remarque en examinant le dessin que la profondeur du four n'est pas considérable, afin que les parois renvoyant la chaleur soient aussi rapprochées que possible du pain. A peine ce dernier a-t-il été soumis à l'action de la chaleur que l'acide carbonique contenu dans la pâte commence à se dilater, et, vers le moment où le gaz atteint la température de 212° F., degré de l'ébullition de l'eau, il se sera dilaté de 1 pouce cube à 1,24, et ceci indiquera l'augmentation de volume du pain, à condition qu'il n'y ait pas d'humidité. Mais à côté de cette augmentation de volume, produite par la dilatation de l'acide carbonique lui-même, il y a aussi une expansion considérable, provenant de l'humidité du gaz. Or la tension de la vapeur aqueuse à 212° F. étant égale à la pression atmosphérique, nous obtenons une énorme augmentation de volume, due autant à l'humidité qu'à l'acide carbonique lui-même. Je viens de dire que la température du four oscille entre 400 et 450° F. La température de l'eau bouillante est de 212° F., si le baromètre à mercure marque 30 pouces, car le point d'ébullition sera naturellement plus élevé si le baromètre est plus haut et plus bas si le baromètre s'abaisse. Par conséquent, quoique la température des parois du four soit de 400 à 450° F., celle du pain lui-même n'atteint pas une température aussi élevée. La croûte inférieure de la face reposant sur la surface surchauffée, atteint certainement une température considérable; mais à l'intérieur du pain la chaleur ne dépasse guère 212° F. Si elle s'élève là un peu au-dessus, c'est grâce à la résistance de la surface extérieure de la croûte, ajoutée à la résistance de la pression atmosphérique. Pendant que ces phénomènes suivent leur cours en présence de l'humidité, les parois des cellules d'amidon se rompent, en sorte que l'action de la chaleur nous donne l'amidon non pas tel qu'il est, mais bien l'amidon aux cellules rompues, susceptible de subir l'action des ferments albuminoïdes. Enfin, par l'action de la chaleur, quelques-unes des substances albuminoïdes entrent dans une phase de décomposition, utilisée ensuite dans le processus de digestion. Mais ce n'est point tout. Non seulement, sous l'action réunie de la chaleur et de l'humidité, la dextrine de la surface se transforme en vernis, mais il y a encore jusqu'à un certain point production de dextrine dans l'intérieur du pain. Personne n'ignore qu'en ne faisant bouillir un pudding gras que fort peu de temps on obtient un plat fort indigeste. Comme nous voici à la veille des fêtes les plus populaires de l'année, cette action de la chaleur sur le pudding me fait songer aux vieilles chansons rimées, œuvre en partie de la jeunesse, en partie de l'expérience de l'âge mûr. La chanson dit : « Du plum-pudding chaud ou froid. » C'est l'expression du désir de la jeunesse d'avoir du plum-pudding à tout prix, froid ou chaud, — n'importe, — pourvu qu'il y en ait en profusion. Mais voici l'âge mûr qui vient y ajouter la condition expresse que le plum-pudding ait passé « neuf jours dans la marmite ». Ceci veut simplement dire qu'on ne saurait rendre les albuminoïdes et l'amidon digestibles si on ne les a pas soumis à l'action prolongée de la chaleur et de l'humidité, ce qui dans une certaine mesure a réellement lieu quand la chaleur exerce son action sur le pain dans le four.

Un autre point sur lequel je dois attirer votre attention, c'est la formation des produits colorés. Voici sur ce mur le tableau d'Oudemans[1] qui nous représente l'action exercée par la chaleur sur le malt; nous y constatons que le malt séché à l'air ne contient point de produits de torréfaction, mais en revanche ne renferme pas moins de 13,6 pour 100 de substances albuminoïdes ; tandis que, chauffé à une température inférieure à celle de l'eau bouillante, le malt contient 14 pour 100 de produits de torréfaction et seulement 10,5 de substances albuminoïdes. Ces produits de torréfaction, autrement dits produits colorés, doivent leur origine en partie à l'action qu'exerce sur les albuminoïdes solubles l'humidité à haute température, en partie aux sucres de dextrine et de maltose produits dans le processus de panification précédent. Or, plus ce processus sera riche en produits

1. Tableau reproduit plus haut.

solubles, plus le pain contiendra de produits colorés. De même, moins il y aura de produits solubles formés durant la panification, moins aussi il y aura de produits colorés dans le four. C'est la raison pour laquelle des farines de qualité inférieure donnent des pains si colorés. Comme je l'ai indiqué sur le tableau fait par M. Brown, ces farines, dans le processus de la panification, c'est-à-dire dans la phase où l'humidité et la chaleur modérée exercent pendant un temps considérable leur action sur la farine, élaborent une grande quantité de produits solubles. Répétons encore une fois : plus sera considérable la quantité de ces derniers obtenue dans la panification, plus grande aussi sera la quantité de produits colorés obtenus dans le four, et moins l'aspect du pain sera appétissant.

Autre point à noter : c'est grâce à l'action de la chaleur que se forme la croûte extérieure. Cette croûte retient l'humidité dans l'intérieur du pain bien plus longtemps que cette dernière ne s'y serait conservée sans elle; la proportion de l'humidité ou de l'eau augmente avec la qualité de la farine, et *vice versa,* et cette absorption ou rétention de l'eau dépend de deux facteurs bien distincts : d'abord du caractère plus ou moins élevé des albuminoïdes. Les albuminoïdes à caractère de haute maturation, tel par exemple le gluten cru, composé comme je vous l'ai dit (principalement de fibrine et d'une petite quantité de glutine), ont la proprété d'absorber et de retenir l'eau avec une grande avidité, ce qui n'est point le cas pour toutes sortes d'albuminoïdes. Ainsi l'albumine que l'on trouve dans la plupart des céréales, en très grande proportion dans les froments inférieurs des mauvaises saisons et en quantité fort réduite dans les froments bien mûrs des climats favorisés; la légumine et d'autres corps albuminoïdes solubles contenus en grande quantité dans les *légumineuses;* la céréaline, un des albuminoïdes que l'on trouve dans les pellicules des céréales, en particulier du froment; tous ces divers albuminoïdes solubles n'ont ni la propriété d'absorber beaucoup d'eau ni celle de la conserver. Nous avons donc le droit de dire que le premier facteur dépend du caractère des albuminoïdes donnés. Mais il y en a un autre qui dépend du pour cent de l'amidon. En admettant que la quantité du gluten soit considérable, la farine absorbera et retiendra un volume d'autant plus grand d'eau que la quantité en centièmes de l'amidon qu'elle contient sera plus élevée.

Ce point de l'absorption et de la rétention de l'eau est d'une importance essentielle quand il s'agit de déterminer le nombre des pains que peuvent fournir 100 lbs de farine. C'est par sac que calcule naturellement le boulanger, mais il est plus juste de se baser sur un résultat comparé. Selon Laws et Gilbert, 100 lbs de pain contiennent en moyenne 62,8 de substance solide sèche et 37,2 d'eau; selon Millon, 63,7 de substance solide sèche et 36,3 d'eau; selon Dumas, 55,4 de substance solide sèche et 44,6 d'eau; selon Maclagan, qui a fait une série de recherches sur ces matières, le pour cent moyen de substances sèches serait 64 et celui d'eau 36. D'après un grand nombre de résultats qui m'ont été communiqués par les boulangers, la moyenne s'accorderait assez avec la donnée de Laws et Gilbert. En considérant cette question à un autre point de vue, nous verrons que 100 lbs de farine donnent, selon Laws et Gilbert, 135 lbs de pain; selon Dumas, 130; selon Maclagan, 137,7. J'ai à peine besoin d'ajouter que le nombre des pains obtenus de 100 lbs de farine de froment ou le nombre des pains obtenus par sac variera beaucoup avec la qualité de la farine. Dans le fait, plus belle est la farine, plus grand sera le nombre des pains fabriqués. Il sera peut-être intéressant, non pour les gens du métier, mais pour ceux qui y sont étrangers, d'apprendre que le nombre des pains obtenus d'un sac de farine est aussi sujet à variation. J'ai bien peur que, dans une année comme celle que nous traversons, ce résultat ne soit très bas pour les froments anglais; mais, dans les circonstances plus favorables, il oscillera entre 90 et 94. Il est même possible que ce chiffre soit dépassé pour des froments étrangers de qualité superfine.

Nous en avons fini avec le processus de fermentation, au moyen duquel l'acide carbonique (j'ai à peine parlé de l'alcool, me bornant à indiquer qu'il est avec l'acide carbonique le produit de ce processus) est utilisé pour rendre la pâte plus légère. Il me reste à dire quelques mots sur un processus artificiel d'évolution du gaz acide carbonique dont la farine ne serait plus le siège, mais bien les substances chimiques ajoutées à la farine. La méthode la plus connue de provoquer ce genre de fermentation est celle de Dauglish, pratiquée encore de nos jours à Londres et dans quelques autres grandes villes de l'Angleterre. Dans ce procédé, l'acide carbonique est obtenu par l'action d'un acide sur la chaux, c'est-à-dire sur le carbonate de chaux. Une fois obtenu par la décomposition du carbonate calcique, l'acide carbonique bien lavé est mélangé en proportions convenables avec l'eau et la farine; après quoi on procède rapidement à la confection de la pâte, à sa pesée, puis on la divise en pains que l'on place dans le four. Les avantages de cette méthode artificielle sont évidents. Une farine de qualité inférieure échappe ainsi à l'action dissolvante des albuminoïdes sur l'amidon; il n'y a plus de production de sucre ni de dextrine. En un mot, cette action ne se produit que dans le four, et, grâce à ce procédé artificiel, on peut se servir de farines de qualité inférieure. Comme à notre dernière leçon j'ai abordé ce sujet, une personne me demanda à la fin de la séance si j'entendais par là que les boulangers qui ont adopté la méthode Dauglish se servent de farine de qualité inférieure. Je puis affirmer que telle n'a jamais été mon intention. Je me borne simplement à constater que le système artificiel du docteur Dauglish *permet* d'utiliser les farines de qualité inférieure. Un autre avantage qu'il présente, c'est la rapidité du processus. Le procédé entier de la préparation du pain dans ces conditions ne prend qu'un temps relativement court, en comparaison de la longue, fastidieuse et fatigante opération qu'entraîne la fermentation ordinaire. D'un autre côté, je me crois tenu aussi, quoique ce soit là une opinion personnelle plutôt qu'une opinion scientifique, d'indiquer certains désavantages dudit système. Le pain obtenu par ce procédé a certainement moins de saveur que si la farine avait subi la fermentation. Il n'y a pas eu production de sucres et de dextrines, et les albuminoïdes n'ont pas subi d'altération. Par conséquent, le pain obtenu par ce procédé n'est pas suffisamment agréable au goût; il lui manque cette saveur particulière qui distingue, selon moi, un pain bien fermenté. Cette opinion semble être celle de la majorité, car, quoique le système préconisé par le Dr Dauglish soit connu depuis longtemps et que ses avantages théoriques soient incontestables, nous n'avons qu'à jeter un coup d'œil sur l'Europe pour voir qu'une quantité bien minime de pain y est fait d'après ce système, en comparaison de la quantité considérable pour laquelle on laisse se développer le processus ordinaire de fermentation. Si le mérite du pain Dauglish avait été généralement reconnu, il aurait actuellement une vogue bien plus considérable. Il y a encore une objection à faire : c'est qu'il ne saurait être d'une digestion aussi facile que le pain fermenté ; tout au moins ce point mérite-t-il d'être sérieusement étudié, car on ne saurait faire moins que de s'intéresser au procédé de Dauglish en présence des avantages incontestables qu'il possède.

Il existe d'autres procédés nombreux pour faire lever artificiellement la pâte ; je n'ai besoin d'énumérer que deux ou trois d'entre eux. Premièrement, celui dans lequel le bicarbonate de soude et l'acide chlorhydrique ou muriatique sont mis en présence pour agir l'un sur l'autre dans la pâte. Il s'ensuit une réaction dont le résultat est la production de chlorure de sodium ou sel commun et le dégagement d'acide carbonique, qui fait lever la pâte. Mais ce procédé demande une grande rapidité dans son exécution, en même temps qu'une grande exactitude dans les doses employées de bicarbonate de soude et d'acide chlorhydrique, afin que la neutralisation de l'un par l'autre soit aussi parfaite que possible. Indépendamment de ce procédé, on se sert aussi d'acide tartrique et de bicarbonate de soude ; d'autres fois aussi, on ajoute à l'acide chlorhydrique une petite quantité de phosphate acide de chaux, et on l'emploie avec le bicarbonate de soude. Rien n'est plus facile que de produire le phosphate acide de chaux en question. Prenons une petite quantité d'os calcinés, ou cendre d'os, que le Rio de la Plata et le Rio-Grande de l'Amérique du Sud nous fournissent en si grande quantité, et ajoutons-y de l'acide chlorhydrique ; nous obtiendrons le corps connu en chimie sous le nom d'hyperphosphate de chaux ou phosphate acide de chaux. Si nous nous servons d'un excès d'acide chlorhydrique, c'est une solution de phosphate acide de chaux dans l'acide chlorhydrique liquide que nous obtiendrons, et ce réactif en présence du bicarbonate de soude donnera du sel commun ainsi que du phosphate de chaux. L'emploi de ces agents a été très recommandé surtout pour le pain destiné aux enfants dont l'allaitement est insuffisant ; on se base sur ce que ce pain contient les éléments constitutifs des os et que les enfants peuvent y puiser une quantité considérable de phosphate servant à la formation des tissus osseux, chose si importante à cet âge. On s'est aussi servi du bicarbonate d'ammoniaque ainsi que de beaucoup d'autres moyens chimiques pour faire lever artificiellement la pâte. Les différentes poudres à l'usage des boulangers, qu'on trouve si souvent dans les annonces, sont toutes le produit d'une réaction de ce genre dont le but est l'emploi artificiel de l'acide carbonique. Toutes elles prêtent aux mêmes objections que le système de Dauglish, sans posséder les avantages de ce dernier, à l'exception de celui de pouvoir faire du pain aéré dans certaines conditions très défavorables, par exemple en pleine mer, ou quand pour une raison quelconque on ne peut se procurer de la levure. Tout naturellement, dans ces conditions, elles ont leur valeur.

Maintenant que notre pain est fait, voyons un peu comment il se digère. La digestion n'est en somme que la continuation de la fermentation. J'emploie le terme fermentation dans le même sens dont on s'en sert pour désigner l'action de l'hydratation sur l'amidon. Je ne veux pas lui donner pour le moment le sens de ce degré de fermentation avancée où il y a production d'acide carbonique et d'alcool, mais bien celui du degré où l'eau est ajoutée à la structure moléculaire de l'amidon et où se forment le sucre et la dextrine. Le premier agent appelé à exercer son action sur le pain est le ferment albuminoïde, désigné par les physiologistes sous le nom de *ptyaline* que l'on trouve dans la salive. Pour obtenir une hydratation rapide et complète de l'amidon, suffisante pour le transformer en corps soluble, sucres et dextrine, il est nécessaire que le pain soit complètement broyé et trituré, et, pour le réduire en une fine masse poreuse, nous avons à notre disposition un appareil des plus merveilleux. Pendant que le pain est ainsi broyé à l'aide de la mastication, les glandes salivaires stimulées sécrètent le liquide destiné par la nature à la dissolution des corps amylacés. Il y a donc dans ce phénomène deux points essentiels à considérer : il nous faut d'abord obtenir une masse fine, légère et poreuse, et par conséquent nous devons mâcher, broyer notre pain jusqu'à ce qu'il soit réduit à cet état ; ensuite il faut que cette masse soit bien aérée et mélangée avec le ferment albuminoïde de la salive. On le voit, l'habitude très répandue en Angleterre de manger des petits pains chauds ou du pain tout frais va à l'encontre de ce que nous enseigne l'hygiène. Le pain chaud, dont on peut pétrir à volonté des boulettes entre les doigts, ne se prête pas facilement à l'action de la digestion, et je tiens de bonne source que les boulangers, qui ont trouvé par leur propre expérience tant de vérités scientifiques liées au processus de la panificalion, mangent bien rarement du pain frais. On prétend même qu'ils ne le font jamais, qu'ils attendent tout au moins jusqu'au lendemain, afin que durant la mastication la masse légère et poreuse soit susceptible de subir l'action de la ptyaline.

M. Lewis vient de chauffer deux tubes. Celui que je tiens dans ma main droite contient une solution de pain obtenue simplement par la réduction du pain en poudre fine et qui a été soumise ensuite à une digestion de deux heures à la température de 100° F. Cette solution, uniquement composée de pain et d'eau, une fois filtrée, M. Lewis y a ajouté quelques gouttes du liquide de Fehling et l'a fait bouillir. Vous voyez qu'il n'y a pas eu de réduction ou une réduction tout à fait insignifiante du protoxyde de cuivre en suboxyde. Quant au pain placé dans l'autre tube, après avoir passé, lui aussi, par la trituration la plus complète, il a été mélangé avec un peu de salive, obtenue par l'excitation des glandes submaxillaires et chauffé ensuite à la température de 90 à 100° F. pendant deux heures. Vous voyez que ce tube contient une certaine quantité de sucre. Ainsi donc, là où la salive a été mélangée au pain, il y a eu production de sucre en quantité considérable. Ceci concerne le sucre. En ajoutant une petite quantité d'alcool, nous pourrons nous rendre compte de la différence considérable dans la somme des produits qui ont été rendus solubles sous l'influence de ces deux diverses combinaisons. C'est le tube de droite qui a été soumis à l'action de la salive; celui de gauche ne nous représente que l'action de l'eau sur le pain. Dans l'un de ces tubes, il se forme un précipité considérable, et dans l'autre il est très réduit. Examinons aussi la quantité d'albuminoïdes rendus solubles dans la même durée de temps. Pendant que M. Lewis s'occupe de ce soin, je veux vous présenter quelques observations sur certaines qualités précieuses de la salive. Il y a une malheureuse habitude dont il n'est pas facile de se débarrasser une fois qu'on l'a adoptée, et qu'on ne saurait assez conseiller aux jeunes gens d'éviter : c'est celle de fumer. Mais, comme je suis persuadé que tout ce que je pourrai vous dire à ce sujet n'empêchera pas la plupart d'entre vous de contracter ou de conserver cette pernicieuse habitude, je voudrais au moins vous persuader de fumer à la manière des Allemands. En général, les Allemands fument du matin au soir, depuis le commencement de l'année jusqu'à la fin, mais ils n'expectorent jamais. Ils acquièrent l'art de fumer sans expectorer, et ils ne s'en trouvent pas plus mal, au moins en apparence. Nous autres Anglais, nous fumons dans nos petites pipes un tabac très humide, ce qui est encore un préjugé répandu au plus grand profit des marchands de tabac. Beaucoup de personnes gardent même leur tabac chargé d'humidité dans des jarres à couvercle de plomb). Or voici ce qui en résulte : une quantité considérable de nicotine non consumée se volatilise grâce à l'humidité, ainsi que beaucoup de résidus et de créosote. Si au contraire le tabac est sec, ces produits ne se volatilisent qu'en très faible quantité dans la bouche, et par conséquent on ne sent pas la nécessité d'expectorer.

Ce tube à votre gauche contient la solution qui a été soumise à l'action d'un peu de ferrocyanide de potassium et d'acide acétique; elle a donné un précipité abondant de matières albumineuses. Le tube de gauche contient la solution de pain mélangée simplement d'eau; celui de droite renferme la solution mélangée de salive; dans le tube gauche, vous le voyez, il n'y a point de précipité de matières albumineuses, ou il n'y en a qu'un fort léger, tandis que dans le tube de droite, où il y a de la salive, nous avons un précipité abondant de ces mêmes substances. On le voit donc, le phénomène important de la fermentation, que l'on rencontre au seuil même de la digestion, a la puissance de convertir avec une rapidité considérable l'amidon cuit en sucre et en dextrine, en même temps que de précipiter et de dissoudre certains albuminoïdes. La substance mastiquée descend ensuite dans l'estomac et le duodénum, où elle rencontre d'autres liquides, dont quelques-uns ont aussi la propriété d'hydrater l'amidon et de le convertir en sucre et en dextrine, tandis que les autres possèdent celle de dissoudre les albuminoïdes eux-mêmes. Nous obtenons de cette manière la dissolution parfaite du pain que nous mangeons.

Composition moyenne des aliments. (Lawes et Gilbert.)

	SUBSTANCE SÈCHE	POUR CENT		POUR 100 D'AZOTE DANS 100 PARTIES DE CARBONE
		CARBONE	AZOTE	
Viande	45	30	2,0	6,6
Jambon	80	57	1,1	2,0
Beurre	85	68	»	»
Lait	10	5,4	0,5	9,3
Fromage	60	36	4,5	12,5
Farine	85	38	1,7	4,5
Pain	64	28,5	1,3	4,5
Maïs	87	40	1,7	4,4
Farine d'avoine.	85	40	2,0	5,0
Riz	87	39	1,0	2,5
Pommes de terre.	25	11	0,3	3,5
Légumes	15	6	0,2	3,3
Pois	85	39	3,6	9,4
Sucre	95	40	»	»

Il nous reste encore une question intéressante à examiner : celle de la valeur nutritive du pain, de sa valeur en tant que source de la force. Le tableau ci-dessus, basé sur les recherches de MM. Lawes et Gilbert, nous présente la composition des substances alimentaires les plus usitées, telles que : viande, jambon, beurre, lait, fromage, farine, pain, maïs, farine d'avoine, riz, pommes de terre, légumes, pois et sucre.

Le temps nous manque pour analyser ces chiffres en détail ; il nous suffira de nous arrêter aux résultats intéressants obtenus par ces recherches. Voici dans la quatrième colonne une série de chiffres réunis sous la rubrique : « Rapport de l'azote à 100 parties de carbone. » Ce rapport sera pour la viande comme 6,6, pour le jambon comme 2 ; il sera naturellement nul dans le beurre ; il sera comme 9,3 pour le lait, comme 12 1/2 pour le fromage, comme 4 1/2 pour la farine et naturellement de même pour le pain, comme 2 1/2 pour le riz, 3,3 pour les légumes ordinaires, etc. Le sucre ne contient point d'azote. On constate donc, en examinant ce tableau, que le rapport de l'azote au carbone est assez élevé dans la farine et le pain, comme 4 1/2 à 100. Ceci me ramène à un sujet dont il a déjà été question dans ce cours, savoir : comment utiliser le son du froment ? Prenons un robuste laboureur, un manœuvre ou un matelot auquel on donnerait une ration presque suffisante de pain blanc ; que demanderaient-ils encore pour compléter leur alimentation ? Tous ceux qui ont vu des hommes se livrer à un rude labeur mécanique seront d'accord avec moi que ce n'est pas un morceau de pain bis complémentaire que demandera l'homme de peine, mais bien un morceau de lard, de beurre ou de jambon; autrement dit, ce n'est pas une quantité plus grande d'azote, mais bien du carbone, que réclamera son organisme, et surtout du carbone provenant non de corps hydrocarbonés, dans lesquels l'hydrogène et l'oxygène sont dans la proportion où leur combinaison forme l'eau, mais du carbone fourni par des corps tels que la graisse, dans lesquels il y a une proportion minime d'oxygène et par conséquent un excédent d'hydrogène. Ces corps contiennent, outre le carbone respirable, de l'hydrogène respirable, c'est-à-dire de l'hydrogène excédant la quantité requise pour la formation de l'eau avec l'oxygène dans le composé. Voilà ce dont l'homme a besoin. Au lieu de lard le laboureur pourrait aussi choisir du fromage, car celui-ci contient également de la graisse en quantité considérable et c'est de cette graisse du fromage et non de la caséine qu'il tirera une provision nouvelle de force calorique. Mais il est plus probable encore que c'est un bon morceau de viande bien grasse que demanderaient la plupart de nos hommes de peine. Ceux d'entre vous qui ont vu des matelots dévorer d'immenses tranches de jambon gras où le maigre disparaissait complètement seront de mon avis. C'est, je le sais, une idée très généralement répandue que la plus grande quantité de force motrice, de force mécanique, nous est fournie par _ maigre de la viande. Et pourtant, sans parler du laboureur de nos pays, que fait le coolie chinois qui se nourrit uniquement de riz, quand il est obligé de fournir une grande somme de travail, de charger par exemple un navire? Le travail qu'il accomplit dans ces cas est vraiment prodigieux, et, pour pouvoir en venir à bout, ce n'est pas aux albuminoïdes qu'il demande un supplément de force, mais bien à la graisse et au beurre, dont il assaisonne alors abondamment son riz. Dans ces corps gras, il puise du carbone, et dans l'excédant d'hydrogène qu'ils contiennent (excédant de la quantité requise pour former l'eau avec l'oxygène) il puise ce que l'on désigne en chimie sous le nom de force potentielle.

Voyons si la science ne pourra pas nous rendre compte de cette différence entre les besoins instinctifs, partout les mêmes, des classes laborieuses, et l'opinion si généralement accréditée qui nous fait voir dans la partie maigre de la viande, c'est-à-dire dans les albuminoïdes, la meilleure source de la force motrice. Avant de procéder à l'examen du tableau ci-dessous, qui nous représente l'équivalent mécanique des aliments, il sera utile de nous arrêter sur quelques chiffres, nécessaires à l'intelligence de notre sujet. Selon la définition admise en physique, on prend pour unité de chaleur la quantité de chaleur que doit recevoir ou perdre l'unité de masse de l'eau pour s'échauffer ou se refroidir de 1°. Cette unité a reçu le nom de calorie.

Si nous prenons un gramme de carbone pur, — par exemple du charbon de la meilleure qualité, — ét si nous le réduisons par la combustion en acide carbonique, la somme de calorique fournie par l'oxydation d'un gramme de carbone sera suffisante pour élever la température de 8080 grammes d'eau de 1° C. Je prie mon auditoire de vouloir bien m'excuser si je me sers de mesures et de poids français, avec lesquels je suis plus familiarisé qu'avec les mesures et les poids anglais. Revenons à notre sujet. L'hydrogène, on le sait, fournit quatre fois plus de chaleur que le carbone. Un gramme converti en eau par la combustion fournira une chaleur suffisante pour élever la température de 34 462 grammes d'eau de 1° C. Nous ne considérons ici que la somme de force calorique obtenue par l'oxydation du carbone et de l'hydrogène, en l'envisageant uniquement au point de vue de la quantité d'eau chauffée par l'oxydation. Pour la convertir en force motrice, soulevant un poids en sens inverse de la pesanteur, nous n'avons qu'à recourir aux chiffres obtenus par les recherches du Dr Joule, de Manchester, publiées il y a quelques années et qui lui ont servi à déterminer ce que l'on appelle équivalent mécanique de la chaleur. Il a constaté que, si on laisse tomber d'une hauteur de 424 mètres un poids d'un gramme, la force produite étant utilisée, par un procédé mécanique approprié, pour agiter l'eau, on obtient une somme de chaleur capable d'élever la température du même poids d'eau, c'est-à-dire d'un gramme, de 1° C. La force obtenue par le poids qui tombe peut donc être convertie en force calorique, et inversement la chaleur dégagée par la combustion peut être convertie en force motrice soulevant un poids en sens inverse de la gravité. C'est ainsi qu'un gramme de carbone, réduit par combustion en gaz acide carbonique, produit 8080 unités de chaleur et équivaut par conséquent à $8080 \times 424 = 3392$ kilogrammètres de travail, c'est-à-dire un peu plus de la force développée par la chute de trois tonnes de la hauteur d'un mètre. Le même poids d'hydrogène consumé produira plus de quatre fois autant de force que le carbone et équivaudra par conséquent à la chute de 14 tonnes 1/2 de la hauteur d'un mètre.

Equivalent mécanique des aliments.

POIDS DES SUBSTANCES (1 gr. = 16,432 grains.)	OXYDATION COMPLÈTE		OXYDATION DANS L'ORGANISME
	Unités de chaleur.	Kilogrammètres de force.	Kilogrammètres de force.
Pommes de terre.	1,013	429	422
Farine..........	3,936	1669	1627
Farine d'avoine..	4,000	1696	1665
Riz.............	3,813	1615	1591
Viande maigre...	1,567	664	606
Viande grasse...	9,069	3841	3841
Fromage de Cheshire........	4,647	1969	1844

Maintenant que nous nous rendons compte de la signification de ces chiffres, procédons à l'étude des forces motrices puisées dans les diverses sources d'alimentation qui sont à notre portée. Ce sujet a été très bien élucidé, grâce aux travaux de Voit, Pettenkoffer, Bischoff et d'autres savants étrangers, aussi bien qu'aux recherches faites dans notre propre pays par Playfair, Edward Smith, Frankland. Dans ses expériences, Frankland a cherché à déterminer, au moyen de méthodes très connues, la chaleur de la combustion, et cela non seulement pour le carbone et l'hydrogène, ce qui avait été fait avant lui, mais aussi pour la viande maigre (c'est-à-dire pour la viande privée de sa graisse à l'aide d'un traitement par l'éther), pour la viande

grasse, le riz, les pommes de terre, l'amidon, etc.
Il put constater que la chaleur de la combustion
de la graisse dépassait de plus de six fois celle
qu'on obtient par la combustion du même poids
de maigre. Il est bien entendu que je n'emploie
pas le mot maigre dans le sens que l'on y attache
d'ordinaire, en disant par exemple d'un beefsteack
qu'il est maigre, ce qui ne l'empêche pas de contenir une bonne portion de graisse. Sous le nom
de viande maigre, j'entends ici la viande privée de
sa graisse par des moyens chimiques. Selon Fal-
kland, la graisse est susceptible de développer plus
de six fois la chaleur fournie par le même poids de
maigre. En poussant plus loin ses recherches, il ar-
riva à déterminer non seulement la somme absolue
de force calorique obtenue, mais aussi la somme
de force tirée de la graisse, des corps hydrocarbonés et des substances albuminoïdes, quand celles-
ci sont employées par l'homme. La combustion des
albuminoïdes ne va pas jusqu'à l'acide carbonique
et l'ammoniaque; ils sont éliminés principalement
sous forme d'urée, en partie aussi sous celle
d'acide urique, et, chez les oiseaux et les reptiles
en particulier, une quantité considérable de ces
corps est éliminée sous la forme moins oxydée
d'acide urique. Si nous tirons une déduction de
ces analyses de l'urée éliminée, nous verrons que
les graisses fournissent une quantité de force bien

plus grande que les albuminoïdes, six fois autant
pour le moins, comme je l'ai déjà dit plus haut.
Deux chimistes allemands, Fick et Wislecénus,
se sont livrés à ce sujet à de nombreuses expériences. Ils pesaient avec la plus grande exactitude tous leurs aliments et analysaient ensuite
avec soin les produits excrétés, l'acide carbonique, etc. Selon leur calcul, ils avaient brûlé
37 grammes de muscles en faisant l'ascension du
Faulhorn, situé à 10 000 pieds de hauteur. Or,
selon les recherches de Frankland, ces 37 grammes de muscles ne seraient que l'équivalent de
68 000 kilogrammètres de force, vu que la somme
totale de force dépensée dans l'ascension d'une
montagne de cette hauteur est de 319 000 kilogrammètres, laissant ainsi un déficit de 251 000 kilogrammètres. Tout cela était le produit des
graisses et des corps hydro-carbonés, brûlés dans
l'organisme, et non le résultat de l'oxydation des
muscles eux-mêmes. Grâce aux études de ces
savants, ainsi qu'à celles de Playfair sur les labou-
reurs; grâce aux expériences de Hanghton sur les
soldats, à celles du docteur Edward Smith, qui
non seulement a fait des observations sur les indi-
vidus travaillant au moulin, mais y avait travaillé
lui-même; grâce enfin aux travaux du docteur
Frankland, le point suivant est suffisamment
éclairci, c'est aux parties non azotées de notre ali-

mentation que nous devons la chaleur de la combustion obtenue et la somme de force développée.

Ce n'est pas tout. A mesure que le travail exige
plus d'efforts, les produits éliminés de la combustion contiennent plus d'acide carbonique que du
produit azoté appelé urée. Plus grande est la
somme de travail fournie dans une unité de temps
donnée, plus grande sera la quantité d'acide carbonique produit. Dans les expériences qu'il a faites
sur lui-même, le Dr Smith a trouvé que, pendant
son sommeil, ses poumons éliminaient 19 grammes d'acide carbonique par heure. Cet acide carbonique était soigneusement pesé. Quand il était
assis, la quantité éliminée était de 29 grammes;
durant la marche, s'il faisait deux mille par heure,
70 grammes; en parcourant trois milles par heure
100 grammes; s'il montait au moulin à raison de
28 pieds 1/2 par seconde, la somme dépensée
était de 100 grammes par heure. Mais alors, pour-
rait-on dire, si l'acide carbonique éliminé augmente en proportion du travail accompli, tandis
que l'urée n'augmente que très peu, quelles seront les fonctions du muscle dans l'organisme?
Ce seront précisément celles de la tige du piston
dans l'engrenage d'une locomotive. La fonction
de cette tige de piston est, comme vous le savez,
de convertir la chaleur produite par l'oxydation
du coke ou du charbon en force motrice en trans-

formant l'eau en vapeur, c'est-à-dire, que par le
fait de la combustion du charbon, on fait avancer
un train à raison de 50 ou 60 milles à l'heure.
Le rôle du muscle dans l'organisme humain est
tout à fait analogue. C'est un appareil dont la
fonction est de convertir la chaleur produite par
l'oxydation des corps hydrocarbonés et de la
graisse en mouvement mécanique, servant de facteur, d'abord aux pulsations du cœur et à tout le
travail mécanique interne, se manifestant ensuite
par la motilité de l'organisme qui marche, court,
franchit les montagnes ou exécute tout autre travail mécanique. Il y a pourtant une différence
entre le muscle et la tige du piston, celle-ci étant,
cŏmme toutes les autres parties d'une machine,
agencée avec soin par l'ingénieur, de manière à
éviter à l'aide des coussinets la production locale
de la chaleur, par le frottement d'une partie quelconque de la machine. Une autre différence, c'est
que, quoique le muscle s'oxyde et se détruise par-
tiellement, un tiers seulement du total de la chaleur produite par cette oxydation est converti en
mouvement mécanique, les deux autres tiers servant de calorique à l'organisme. C'est aux travaux
de Heidenheim et de quelques autres physiologistes que nous devons ces résultats.

Plaçons-nous à présent à un point de vue plus
pratique, plus à la portée de la plupart de nos au-

diteurs; pour cela, il nous faut recourir aux résultats obtenus par les recherches du Dr Frankland sur la chaleur de la combustion produite par l'oxydation de divers aliments. Prenons la moyenne des personnes réunies dans cette pièce; en admettant que notre poids à tous soit de 10 stones (une stone équivaut à 14 livres) ou 140 lbs., quelle est la somme de force motrice dont nous aurions besoin pour monter à 10 000 pieds en sens inverse de la pesanteur ? Je pourrais vous donner la quantité en kilogrammètres de force, comme je l'ai fait jusqu'ici; mais voyons plutôt ce que les aliments de divers genres, indispensables pour l'accomplissement de cette somme de travail mécanique, nous coûteraient d'argent.

Poids et prix d'aliments nécessaires pour lever 140 lbs à la hauteur de 10 000 pieds.

	POIDS EN LBS REQUISES	PRIX DE LB EN PENCES	PRIX TOTAL EN PENCES
Pommes de terre.....	5	1	5
Fleur de farine.......	1 1/3	3	4
Pain..................	2 1/3	2	4 3/4
Farine d'avoine.......	1 1/4	2	3 3/4
Riz..................	1 1/3	4	5 1/2
Le maigre de la viande.	3 1/2	12	42
Viande grasse........	1/2	10	5
Fromage de Cheshire.	1 1/5	10	12

Ce tableau nous présente le chiffre des lbs

d'aliments ordinaires de divers genres, susceptibles de fournir la somme requise de travail mécanique. Prenons des pommes de terre ; nous verrons que, pour le but en question, il nous en faut 5 lbs, et, comme elles reviennent à 1 d. par lb, le prix total sera 5 d. Il est bien entendu que la colonne représentant le prix des aliments est sujette à varier de temps en temps. Nous n'avons besoin que de 1 lb 1/3 de farine, et, comme elle coûte 3 d. par lb, le total sera de 4 d. ; le pain coûte 4 d. 3/4, ce qui tient sans doute aux dépenses qu'entraîne sa préparation. Quant au maigre du bœuf d'où la graisse a été éliminée, il nous en faut 3 lbs 1/2, et, comme le prix de la viande très maigre est de 15 schelling par lb, le total sera 3 s. 6 d., tandis que le gras ne coûtera que 5 d., car il suffit d'une quantité minime de cet aliment, de 1/2 lb, pour accomplir le travail qu'on n'obtiendrait que de 3 lbs 1/2 de viande maigre. Quant au fromage de Cheshire, dont la lb coûte 10 d., 1 lb 1/5 étant nécessaire pour la somme de travail requise, on aura un total d'un schelling. Tout naturellement, ce tableau n'est qu'approximatif ; mais il suffit pour faire voir que l'homme n'a pas besoin d'une grande quantité d'albuminoïdes pour accomplir une grande somme de travail.

Je vous ai dit que le pain contient un pour cent considérable d'azote par rapport au carbone ;

ainsi donc, au point de vue du travail mécanique produit par l'emploi de certains aliments, l'argent dépensé à acheter de la farine n'est certainement pas un argent mal employé. Si d'un autre côté on veut fournir une très grande somme de travail mécanique dans un temps très court, on est tenu d'ajouter au pain non des substances azotées, mais bien de la graisse. En dépit des théories scientifiques, les paysans de l'Angleterre, ainsi que ceux de tous les autres pays du monde, ont donc raison de suivre l'instinct qui les pousse, quand ils sont surmenés par un labeur excessif, à ajouter de la graisse à leur régime habituel, de préférence aux aliments azotés.

J'ai dit dans une des leçons précédentes que je reviendrai encore sur le sujet du son; ce que je voudrais faire bien comprendre à mes auditeurs, c'est qu'en blâmant le mélange du son avec la farine je n'entendais pas me faire l'écho des accusations, trop souvent portées contre le meunier, d'ignorance en matière scientifique. Selon moi, le meunier qui moud sa farine de manière à en éliminer complètement le son agit d'accord avec les vrais principes scientifiques. Il donne au boulanger la possibilité de faire un pain fin, léger, au lieu d'un pain lourd, mal levé. Je ne crois pas inutile d'indiquer ici un procédé au moyen duquel la farine de froment tout entier pourrait être utilisée sans produire les effets pernicieux provoqués souvent dans le processus de la panification par la présence du son finement broyé. Ce procédé est le même dont j'ai recommandé l'usage pour les farines de qualité inférieure. Il s'agit simplement de n'employer dans la préparation du ferment et de la pâte à l'état spongieux que de la farine de la meilleure qualité, quitte à se servir de la farine ordinaire, alors que la pâte est plus épaisse et que le processus de la panification ne demande qu'une heure pour son achèvement. Vous n'ignorez pas que l'on se sert souvent de l'acide chlorhydrique et du bicarbonate de soude pour faire lever le pain de ce froment non épuré; mais le procédé que je recommande serait peut-être avantageux pour ceux qui préfèrent le pain fermenté, tout en désirant éviter la formation des produits colorés, aussi bien qu'une mauvaise cuisson de la pâte résultant de l'action que le son réduit en poudre exerce sur la farine pendant les longs stades de la fermentation et du boursouflement. C'est le moyen pour que le pain fermenté, fait du total de la farine, soit néanmoins léger et poreux.

Nous voici arrivés à la fin de notre étude. Je voudrais vous en récapituler brièvement les traits essentiels. Si vous vous en souvenez, nous avons commencé par une étude détaillée des propriétés qui distinguent les divers éléments constitutifs des céréales, en arrêtant surtout votre attention sur le froment. Nous avons constaté ensuite que les conditions climatériques exercent une influence des plus considérables sur la nature de ces éléments constitutifs, puis nous avons cherché de quelle manière le meunier et ensuite le boulanger doivent user de ces différents froments. Enfin s'est imposée à nous la nécessité d'étudier la levure au microscope pour nous rendre compte si nous n'introduisons pas dans le processus de fermentation des organismes morbides, donnant naissance à l'acide acétique, à l'acide lactique, à l'acide butyrique et à d'autres produits nuisibles. Ce sont là les points principaux sur lesquels nous nous sommes arrêtés, sans négliger, dans la mesure du possible, les autres côtés de notre sujet.

Il me reste un mot à ajouter. Si j'ai réussi à éveiller dans mon auditoire quelque intérêt pour les phénomènes si curieux liés à la panification, à lui inculquer de justes notions sur l'importance et la dignité de l'art du boulanger, se rattachant d'une manière si intime aux problèmes les plus intéressants de la physique, de la chimie et de la biologie ; si j'ai pu réussir surtout à stimuler chez quelques-uns de mes auditeurs le désir de cultiver ces sciences et de contribuer à leur progrès, je considérerai ma tâche comme accomplie.

GRAHAM.   10

COULOMMIERS. — TYPOGRAPHIE PAUL BRODARD.